U0251761

- 四川石油天然气发展研究中心项目（SKZ17-01）
- 成都师范学院学术专著出版基金
- 国家自然科学基金委项目（41701324）

资助

四川页岩气开发
的水环境问题及其监管制度研究

SICHUAN YEYANQI KAIFA
DE SHUIHUANJING WENTI
JIQI JIANGUAN ZHIDU YANJIU

郭海霞　王勇　著

四川大学出版社
SICHUAN UNIVERSITY PRESS

项目策划：陈克坚
责任编辑：梁　平
责任校对：傅　奕
封面设计：璞信文化
责任印制：王　炜

图书在版编目（CIP）数据

四川页岩气开发的水环境问题及其监管制度研究 /
郭海霞，王勇著 . — 成都：四川大学出版社，2021.5
　ISBN 978-7-5690-4539-0

　Ⅰ . ①四… Ⅱ . ①郭… ②王… Ⅲ . ①油页岩资源－
油气田开发－水资源管理－四川 Ⅳ . ① P618.130.8

　中国版本图书馆 CIP 数据核字（2021）第 070667 号

书名	四川页岩气开发的水环境问题及其监管制度研究
著　者	郭海霞　王　勇
出　版	四川大学出版社
地　址	成都市一环路南一段 24 号（610065）
发　行	四川大学出版社
书　号	ISBN 978-7-5690-4539-0
印前制作	四川胜翔数码印务设计有限公司
印　刷	四川五洲彩印有限责任公司
成品尺寸	148mm×210mm
印　张	4.75
字　数	126 千字
版　次	2021 年 5 月第 1 版
印　次	2021 年 5 月第 1 次印刷
定　价	30.00 元

四川大学出版社
微信公众号

前　言

进入 21 世纪以来，中国页岩气开采迅速发展，已形成了五个重点建产区，涪陵页岩气田累计生产页岩气突破了 300 亿立方米，中国页岩气储量与技术可采量都被认为位居世界第一。然而，随着页岩气开发活动的增加，页岩气开发带来的一系列环境风险也被越来越多的人关注。事实上，早在中国进行页岩气开发的初期，许多研究者就通过国外经验，预测了页岩气开发在植被、土壤、大气、声环境、水环境和地质环境等方面存在的环境风险。同时，国内外的实践表明，在页岩气开发中，由于水力压裂技术的使用，水环境风险最为突出。

四川盆地是我国页岩气资源量最大、开发条件最优的地区，已探明储量和技术可采量均为全国第一，并且国内五个重点建产区中有四个位于四川盆地。因此，研究四川盆地页岩气开发水环境风险具有较强的代表性。基于此，本书较为清晰地介绍了四川页岩气发展的进程，分析了四川页岩气开发的水资源风险、水污染风险以及导致水环境问题发生的因素，全面整理分析了四川页岩气开发相关的监管制度和体系现状，提出了完善四川页岩气开发水环境保护机制的建议。全书内容具体安排如下：

第 1 章　国内外页岩气发展历程。本章从美国页岩气的发展、中国页岩气的发展和四川页岩气的发展三个方面，展现了四川页岩气发展的背景、发展的历程，展示了四川页岩气在中国页岩气发展过程中所处的地位。

1

第2章　页岩气开发的水环境影响。本章阐述了页岩气开采过程及主要环节的水环境问题，重点分析了水力压裂过程及其水环境问题产生的环节，分析了国内外页岩气开发的耗水情况和水污染物产生情况，并从地质、污水处理技术及政策法规三个方面分析了对水环境问题发生的影响。

第3章　四川页岩气开发的水环境风险。本章首先概述了四川页岩气开发现状、四川页岩气主要区块的地质特征；其次分析了四川页岩气开采中水资源消耗情况、废水产生情况；最后结合四川的水资源特征、地质特征，分析了页岩气开发对四川水资源、水质的影响。

第4章　页岩气开发的水环境监管制度。本章从水环境监管的组织机构、法律法规、非政府环保组织参与情况、公众参与情况四个方面对比分析了中美两国页岩气开发的水环境监管制度体系，同时结合四川地方制度建设现状，分析了国家及地方层面的制度体系对页岩气开发中水环境问题的约束，提出应从理顺地下水环境质量管理主体、弄清页岩压裂中污染发生过程、落实页岩气开发环境监理制度、加强公众环保参与度、从政策层面加强地下水污染预防五个方面完善页岩气开发过程中的水环境保护制度，加强页岩气开发过程中的水环境保护。

目　录

1

四川页岩气
·开发的水环境问题及其监管制度研究·

第1章　国内外页岩气发展历程

　　页岩（shale）是富含黏土的颗粒沉积于海底或湖底等水流相对稳定的环境中，经过数百万年埋藏而形成的。根据有机质含量的多少，可以将页岩分为暗色页岩和浅色页岩两类。暗色页岩有机质含量高，浅色页岩有机质含量低（图1-1、图1-2）。而暗色页岩正是许多油气藏的烃源岩。以泥盆纪形成的暗色页岩为例，在距今360百万～415百万年前的泥盆纪，气候湿热，地球上生物繁盛，在相对静水的环境下，有机质颗粒和黏土颗粒层层累积，随着时间和压力的增加，淤泥和黏土脱水胶结，形成页岩层，而有机质则在厌氧条件下反应生成甲烷，这便是天然气的主要成分。在这些甲烷中，一部分从页岩中逃逸到孔隙度较大的砂岩层中，便形成了富集易开发的常规天然气（conventional natural gas）。而更多的甲烷仍然吸附或游离在页岩中，成了非常规天然气（unconventional natural gas）的一员——页岩气（shale gas）（图1-3）。非常规天然气有页岩气、煤层气、致密砂岩气、甲烷水合物几种（见表1-1）。与砂岩相比，页岩的空隙度很小，因此渗透率低[①]（＜0.1mD），开采难度较大，需要借助水平钻井、水力压裂等技术，才能开发出来。

――――――――――――

　　① 渗透率：用于衡量多孔性介质（例如油气储层）在压力差作用下输送流体（例如天然气、石油或水）能力的一个指标，单位为mD（毫达西）、D（达西）、μm^2，$1\mu m^2 = 1000mD$（毫达西）＝1达西

图1-1 暗色页岩

（引自网络）

图1-2 马塞勒斯出露的页岩层

（引自网络）

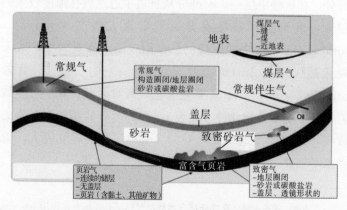

图1-3 陆上天然气类型及其在地层中的常见产生位置

［引自格雷戈里（Gregory）等，2011］

表 1-1　四种非常规天然气比较

种类	富藏地质特性
页岩气	存在于页岩矿床中，通常发现于河流三角洲、湖泊沉积物或漫滩中。页岩既是天然气的来源，也是天然气的储集层。天然气可以从页岩中游离出来，也可能困在页岩的孔隙、裂缝中，或者吸附在岩石表面
煤层气	产生和储藏于渗透性极低的煤层中
致密砂岩气	形成于岩层外，然后在漫长的地质年代中，逐渐渗透进渗透性极低的坚硬岩石、砂岩或石灰岩
甲烷水合物	甲烷和水在低温高压下在永冻层和海洋中形成的结晶混合物

［引自王（Wang）等，2012］

1.1　美国页岩气的发展历程

美国页岩气资源丰富，开采历史久，美国是目前页岩气开采经验最丰富的国家。早在 1821 年，纽约州弗雷多尼亚（Fredonia）就钻探了世界上第一口页岩气井（钻井深度仅为 8m），但是由于产气量少，并没引起人们的重视。20 世纪 60 到 70 年代，美国国内能源供需不平衡加大，导致能源危机逐渐加剧。同一时期，由于美国国内天然气定价低于市场平衡价格，导致天然气开采的积极性受挫，产量下降。能源危机的加剧和天然气产量的下降，促使政府和工业界将目光投向包括页岩气在内的非常规天然气（图 1-4、图 1-5）。

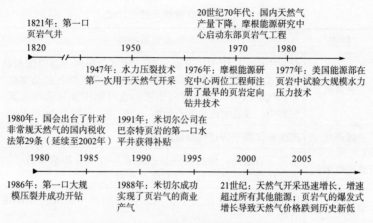

图1-4　美国页岩气发展时间轴

［引自特伦巴思（Trembath）等，2012］

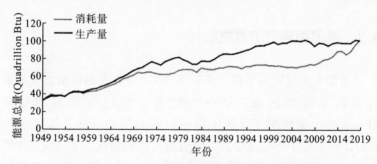

图1-5　1949—2019美国能源产量、消耗量变化趋势

注：①数据来源于美国能源部；②Quadrillion Btu 为能源单位，即千兆英热单位①

1976 年，美国能源研究和发展管理局（the Energy Research and Development Administration，ERDA）的摩根能源研究中心（Morgan town Energy Research Center，MERC，

---

① 英热单位（Btu）定义为：在 1 大气压的定压条件下，1 磅纯水由 32F 上升到 212F 时，平均每升高 1F 所需的热量。1Btu=251.996 cal=1054.350J

后被纳入美国能源部，成了现在的美国国家能源技术实验室）启动了东部页岩气工程（the Eastern Gas Shales Project，简称EGSP）。大学、私有采气企业均加入了这一工程中，这一工程一直持续到 1992 年。而在东部页岩气工程启动的同一年，摩根能源研究中心的两位工程师——约瑟夫·帕西尼（Joseph Pasini）和威廉·奥弗比（William Overby）发明了定向钻井技术，这一技术为后来的水平钻井技术奠定了基础。1977 年，美国能源部（the Department of Energy，DOE）成功地在页岩中试验了大规模压裂技术。9 年后（1986 年）在弗吉尼亚（Virginia）西部的韦恩县（Wayne）运用这一技术，第一口大规模水力压裂井成功钻开，也在同一年的 11 月，定向水平钻井完成，该水平钻井长 2000 英尺[①]，其初始产气速率是附近垂直井的 10 倍。

为了刺激非常规天然气的发展，1980 年，美国国会通过了国内税收法。其中第 29 条规定给予美国本土钻探的非常规天然气每桶 3 美元的补贴。1992 年，对这一法案进行了修正，规定给予 1980 年 1 月 1 日到 1992 年 12 月 31 日期间钻探的或 2002 年 12 月 31 日前生产的页岩气税收减免。具体减税额度根据当时的油价和通货膨胀等，用公式计算得出。1980 年的减税额度为每千立方英尺 0.52 美元，到 1992 年达到每千立方英尺 0.94 美元[②]。

经过多年的努力，1998 年，米切尔（Mitchell）公司终于实现了商业产气。1976 年，当东部页岩气工程刚启动时，仅阿巴拉契亚山脉（Appalachian）有页岩气产出，年产量仅 650 亿立方英尺，在美国天然气中的份额不足 5%。美国页岩气开采起初

---

① 1 英尺约等于 0.3048 米

② 1 立方英尺约等于 0.02831685 立方米或 28.3169 升

发展并不快，1978 年产量仅达到 700 亿立方英尺。但是，随着密西根（Michigan）安特里姆（Antrim）页岩、沃思堡（Fort Worth）巴奈特（Barnett）页岩的加入，以及阿巴拉契亚山脉产气量的增加，页岩气产量迅速增加。1992 年，年产气量达到了 2000 亿立方英尺，1998 年增加到 3800 亿立方英尺。1998 年，米切尔公司实现了商业产气。两年后，随着巴奈特压裂技术试验的成功，其页岩气也实现了商业产气。而受巴奈特页岩气开采成功的刺激，开采者又开钻了一系列其他的页岩，比如得克萨斯州（Texas）西部的海恩斯维林（Haynesvillain）页岩、俄克拉荷马（Oklahoma）的伍德福德（Woodford）页岩、得克萨斯州南部的老鹰福特（Eagle Fordin），以及阿巴拉契亚山脉北部的马塞勒斯（Marcellus）和尤蒂卡（Utica）页岩。在这样的情况下，页岩气产量继续攀升。到 2004 年，美国页岩气年产量达到 6890 亿立方英尺。而 2015 年美国能源部的数据显示，2015 年其页岩气年产量达到 152130 亿立方英尺，占其国内天然气总产量的 50% 左右。2017 年，全美页岩气日产出量达到 471.9 亿立方英尺/天。图 1-6 即为美国主要页岩气区块 2000—2020 年页岩气产出量的变化趋势，自实现商业产气以来，美国页岩气产量增长十分明显。在美国，页岩气开发已成为很有吸引力的勘探目标，截至 2016 年，全美 48 个本土州（即 Lower 48 States，除阿拉斯加州和夏威夷州）已探明 30 多个页岩区块。

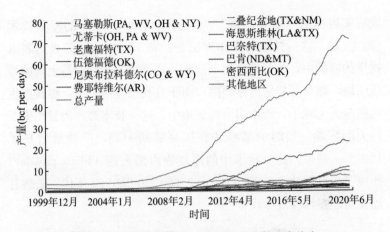

图 1-6 2000—2020 年 4 月美国页岩气产出能力

注：①数据来源于美国能源部；②bcf per day 为产量单位，即十亿立方英尺/天；③地区后括号中大写英文字母为美国州名缩写，PA 宾夕法尼亚州，OH 俄亥俄州，WV 西弗吉尼亚州，NY 纽约州，LA 路易斯安那州，TX 得克萨斯州，OK 俄克拉荷马州，ND 北达科他州，MT 蒙大拿州，CO 科罗拉多州，WY 怀俄明州，AR 阿肯色州

从页岩气实践在美国获得的巨大成功来看，除了天然气市场需求的增长以及国家政策扶持（如美国《国内税收法》第 29章——非常规能源生产税减免政策）外，勘探与开发技术，尤其是水平井钻井、水力压裂技术以及裂缝综合诊断技术的突破及其在页岩气中的推广运用，是其成功的最关键因素。

1.1.1 水力压裂技术的发展

压裂技术（fracking）的源头最早可以追溯到美国内战时期。老兵爱德华·罗伯茨（Edward Roberts）目睹了炮兵轰击狭窄的水道，并由此受到启发，发明了一种被称为"液体塞盖"（super incumbent fluid-tamping）的技术。这一技术通过在井中注水，防止爆破时岩屑的飞出和洞口垮塌。这一技术经过改进后，发展

成后来被称为"爆炸鱼雷"（exploding torpedo）的专利技术
（图1-7）。这一技术的操作方法是：将15~20磅[①]的火药装入
铁质的容器中，然后将容器下放到一定深度，利用容器上端的导
线引爆，爆炸使岩层产生裂隙。由于井孔中注满了水，爆破产生
的震荡大大减小，而作用力则更集中。这一技术对产油量产生了
巨大的影响。当时的某些井在压裂后的一周，产油量增长了
1200%。后来，这一技术中的爆炸物由黑火药（black powder）
换成了硝酸甘油（nitroglycerin），到了20世纪30年代，硝酸甘
油又被非爆炸性液体代替。

图1-7 爱德华·罗伯茨（左）和他发明的"爆炸鱼雷"（右）

（引自网络）

　　尽管压裂这种技术的源头可以追溯到19世纪60年代，但是，
现在使用的水力压裂技术（hydraulic fracturing）则在20世纪40
年代才出现。20世纪20年代，美国工程师弗洛伊德·法里斯
（Floyd Farris）和克拉克（Clark）提出了水力压裂技术。1947年，

---

　　① 1磅=0.45359237kg

美国斯坦诺林（Stanolind）石油天然气有限公司［也就是现在的阿莫科（Amoco）公司］在堪萨斯州格兰特县的雨果顿天然气井场进行油气试验，试图了解油气产量之间的关系。在试验中，试验人员先将凝胶态的汽油、沙子注入 2400 英尺深的地层中，然后将破胶剂注入井中，压裂岩层。但是，这样的压裂方法并没有使天然气的产量增加。到了 1949 年，哈里伯顿（Halliburton）油井固井公司获得了水力压裂的专营许可，并在其运营的第一年就压裂了 332 口井，这些井的平均增产率约 75%。1953 年，水开始被作为新的压裂液，而为了保证压裂性能，各种添加剂被慢慢加入其中。到了 1968 年，压裂技术已被广泛应用于石油和天然气的开发，但是仅仅用于一些地质状况较好的岩层。这一局限的打破，需要等待压裂技术与另一种技术——水平钻井的结合。

1976 年，美国东部页岩气工程启动，这一工程在很大程度上促进了水力压裂技术的进步，以及和其他先进技术的结合。1981—1998 年，米切尔能源公司在巴奈特页岩开发中通过率先使用滑溜水（slick water fracturing）作为压裂液，实现了商业产气。2002 年米切尔和德文郡的合作促进了水力压裂与水平钻井的融合，至此，水力压裂技术在页岩气这种复杂气藏的开采中被推广开来。水力压裂发展时间线见图 1—9。

图 1—9　水力压裂发展时间线

［引自毕马威全球能源研究所（KPMG Global Energy Institute），2012］

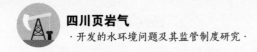

从 1865 年至今，150 多年过去了。在这 150 多年里，美国钻井四百多万口，其中利用水力压裂技术钻井两百多万口。而现在，美国 95％ 的新钻井采用水力压裂技术，其中有 43％ 的油井和 67％ 的天然气井采用水力压裂技术。然而，伴随着水力压裂技术应用的增长，其耗水量大、压裂液污染环境等问题也逐渐进入公众视野中。

1.1.2 水平钻井技术的发展

与水平钻井相关的技术专利最早可追溯到 1891 年 9 月 8 日，这一专利展示了一种易弯曲的轴（flexible shaft）的使用。但事实上，当拐弯半径很小时，这种易弯曲的轴并不能折弯或在拐点处作业。第一口真正的水平井出现在 1929 年。钻井位于得克萨斯州的泰克森（Texon）附近，该井在 1000 米深处从井筒横向向外延伸了 8 米。1944 年，在宾夕法尼亚（Pennsylvania）维南戈县（Venango）的重油开采区，开钻了另一个水平井，该井选择在 500 英尺处进行水平钻井。此外，中国在 1957 年也尝试了水平钻井技术，此后苏联也尝试了这一技术。总体而言，在 20 世纪 80 年代前，水平钻井技术发展非常缓慢，这是因为水平钻井所需的支撑设备、材料，尤其是井下遥测设备的发展还不成熟。

1980—1983 年，法国的埃尔夫阿奎坦（Elf Aquitaine）公司在欧洲的三个开采区［分别为法国西南部的特拉克（Lacq Superieur）油田、施发则卢（Castera Lou）油田，以及意大利在地中海的罗思博梅尔（Rospo Mar）海上油田］开钻了 4 口水平测试井，为水平钻井的推广应用奠定了基础。在此后的开采中，水平钻井的产量取得了很大提高。此外，英国石油公司在阿拉斯加（Alaska）的普鲁德霍（Prudhoe）海湾油田通过成功降低水平钻井过程中向储油层的水、气侵入，获得了真正的产出。

由于这些尝试的不断成功，水平钻井技术被越来越多的开采者使用，这一技术也逐步推广到了更多的开采类型中。目前，已有57 个国家 20 个州完成了或计划开展水平钻井。在美国，水平钻井最初主要用于原油的开采，以 1990 年为例，全美开钻水平井超过 1000 口（其中 850 口在得克萨斯州的上白垩统奥斯汀白垩组），而在这些水平井中，天然气井不到 1%。随着水平钻井技术的发展，它对能源开采和原油产出的影响显而易见。以 1990年 8 月中旬的数据为例，在得克萨斯州，水平井的原油产出速率达到 70000 桶/天。

水平井的主要优势有：①利用水平钻井技术，所需的钻井数低于竖直钻井，这样大大减少了对土地的占用。同时，采用水平钻井技术，每口井的实际开钻岩石量增加，也就意味着对储层的开采率更高，因此，与竖直钻井相比，使用水平钻井技术后，每口井获得的产量更高。②由于水平井与储层的接触面积更高，因此产气/产油速率更高。例如，在得克萨斯州吉丁斯（Giddings）油田，同样的压力下，水平完钻井的开产率比竖直完钻井高2.5~7 倍，在这样的情况下，虽然水平井的成本高于竖直井 50%，但其回报率仍远远高于竖直井。③水平井的产气周期更长。

水平井的劣势有：①水平井的成本更高，一般比竖直井高25%~300%。②由于长度更长，开钻岩石量更多，产生的废弃物也更多。③如果和水力压裂搭配使用，由于压裂面积增加，耗水量也大大增加。

1.2 中国页岩气的发展历程

美国能源信息署（Energy Information Administration，EIA）从 2011 年开始发布世界页岩气评估，到 2013 年，已对全球 10 个地区 46 个国家 108 个盆地的页岩气储量进行了评估。根据评估结果，全球页岩气技术可采量 7576.6 万亿立方英尺，其中中国为 1115.2 万亿立方英尺，位居世界第一（表 1-2）。

表 1-2　全球页岩气技术可采量

国家	技术可采量 ［万亿立方英尺（Trillion cubic feet，Tcf）］
中国	1115.2
阿根廷	801.5
阿尔吉尼亚	706.9
美国	622.5
加拿大	572.9
墨西哥	545.2
澳大利亚	429.3
南非	389.7
俄罗斯	286.5
巴西	244.9
其他 36 个国家	1862.0
合计	7576.6

（引自美国能源信息署）

　　尽管许多研究者认为我国页岩气开发还处于早期起步阶段，但是，我国的页岩气研究历史并不短。1966 年，我国第一口页岩气发现井——威 5 井开钻，随后在渤海湾、松辽、四川、柴达木、鄂尔多斯等几乎所有陆上含油气盆地中都发现了页岩气或泥页岩裂缝性油气藏。1994—1998 年间，国内学者针对泥、页岩裂缝性油气藏做过大量工作，同时探索了不同含油气盆地页岩气形成与富集的可能性。2000—2005 年中国学者及科研机构高度关注北美页岩气的大规模商业开采。程涌等（2017）把 1966 年到 2005 年这一阶段称为"北美页岩气跟踪分析阶段"。

经过"北美页岩气跟踪分析阶段"后，我国进入页岩气地质条件研究、"甜点区"评选与评价井钻探及勘探开发前期准备阶段（2005—2010）；而后进入海相页岩气工业化开采试验、海陆过渡相与陆相页岩气勘探评价（2010—2015）；2015年后，我国有序地向海相页岩气规模化开采、海陆过渡相与陆相页岩气工业化开采试验阶段推进。中国目前探明页岩气地质储量 5441.29×$10^8 m^3$，建立了涪陵、长宁－威远、昭通 3 个海相页岩气工业化生产示范区，延长陆相页岩气生产示范区和富顺－永川合作开发区。2015 年中国页岩气产量为 44.6×$10^8 m^3$，已成为继美国和加拿大之后全球第三大页岩气生产国。2019 年，联合国贸易和发展会议（United Nations Conference on Trade and Development，UNCTAD）的报告显示，中国页岩气储量 31.6×$10^{12} m^3$，排名世界第一。中国页岩气勘探开发重要事件与发展阶段见表 1－3。

表 1－3　中国页岩气勘探开发重要事件与发展阶段

页岩气发展阶段	年份	重要事件
北美页岩气跟踪分析	1966	第一口页岩气发现井——威 5 井
	1994—1998	调查评价泥、页岩裂缝性油气藏，探索页岩气的形成与富集
	2000—2005	高度关注北美页岩气的大规模商业开采
页岩气地质条件研究、"甜点区"评选与评价井钻探及勘探开发前期准备	2005	开展中国页岩气形成与富集地质条件研究和页岩气资源潜力评价
	2006	中国石油与美国新田石油公司进行了国内首次页岩气研讨
	2007	中国石油与新田石油合作——中国与国外第一个页岩气联合研究项目
	2008	中国石油勘探开发研究院钻探第一口页岩气地质评价井——长芯 1 井

续表 1-3

页岩气发展阶段	年份	重要事件
页岩气地质条件研究、"甜点区"评选与评价井钻探及勘探开发前期准备	2009	国土资源部设立了"全国重点地区页岩气资源潜力和有利区带优选"项目； 中国石油与壳牌公司进行中国第一个页岩气国际合作勘探开发项目； 四川盆地东部钻探了地质调查井——渝页1井； 中国石化钻探第一口评价井——威201井； 中美签署《中美关于在页岩气领域开展合作的谅解备忘录》； 设立首个页岩气矿权
海相页岩气工业化开采试验、海陆过渡相与陆相页岩气勘探评价	2010	中国与美国签署《美国国务院和中国国家能源局关于中美页岩气资源工作行动计划》； 成立国家能源页岩气研发（实验）中心； 中国石化与英国石油公司（BP）在贵州凯里等地合作开采页岩气； 中国石油与美国康菲石油公司、挪威国家石油公司合作开展四川盆地南部页岩气评价和勘探； 建立中国第一个海相页岩地层数字化标准剖面； 威201井采用大型水力压裂在威远页岩气田开钻
	2011	科技部在油气重大专项中设立"页岩气勘探开发关键技术"项目； 发现长宁、富顺－永川页岩气田； 发现甘泉－下寺湾陆相页岩含气区； 页岩气被批准成为我国第172种独立矿种； 第一轮页岩气矿权出让

续表 1-3

页岩气发展阶段	年份	重要事件
海相页岩气工业化开采试验、海陆过渡相与陆相页岩气勘探评价	2012	发现焦石坝页岩气田； 发布"十二五"页岩气规划； 发布中国页岩气资源量； 第二轮页岩气矿权出让
	2013	制定《页岩气产业政策》； 页岩气"工厂化"生产试验； 关键技术初步国产化
	2014	涪陵页岩气田探明储量 $1067.5×10^8 m^3$
	2015	发布"十三五"页岩气补贴政策； 涪陵、威远、长宁页岩气田探明储量 $4373.79×10^8 m^3$
海相页岩气规模化开采、海陆过渡相与陆相页岩气工业化开采试验	2016	我国页岩气产量达到 78.82 亿 m^3，仅次于美国、加拿大； 《页岩气技术要求和试验方法》（GB/T 33296—2016）出台； 国家能源局印发《页岩气发展规划（2016—2020 年）》，确定五个重点建产区、六个评价突破区、一批潜力研究区
	2017	涪陵页岩气田年产气量达 60.04 亿 m^3； "涪陵大型海相页岩气田高效勘探开发"项目获科技进步一等奖
	2018	涪陵页岩气田建成 100 亿 m^3 年产能； 中国石油川南页岩气日产量达到 2011 万 m^3，同比增加 119.3%； 渤海湾盆地沧东凹陷页岩油勘探取得发展，发现 5000 万吨级页岩油规模增储领域； 四川盆地新增威荣 1 个千亿 m^3 页岩气田

15

续表 1-3

页岩气发展阶段	年份	重要事件
海相页岩气规模化开采、海陆过渡相与陆相页岩气工业化开采试验	2019	涪陵页岩气田入选中国施工企业管理协会新中国成立 70 周年 "百项经典工程"；联合国贸易和发展会议（UNCTAD）报告显示，中国页岩气储量 $31.6 \times 10^{12} \, \text{m}^3$，排名世界第一
	2020	中国石化涪陵页岩气田累计生产页岩气突破 300 亿 m^3

能源消费结构的优化，对于生态环境的保护非常重要。我国能源消费主要由原煤支撑，截至 2018 年，原煤产能量仍占总产能量的 69.3%（图 1-9）。而从探明能源矿产资源储量来看，与世界其他国家相比，我国已探明的石油、天然气资源储量相对不足，页岩气、煤层气等非常规能源储量潜力较大（图 1-10）。因此，从能源消费结构优化的角度来看，页岩气等非常规能源的开发、研究，依然在我国能源发展中扮演着重要的角色。

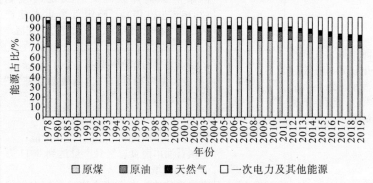

图 1-9　我国能源消费结构变化情况

（引自历年中国统计年鉴）

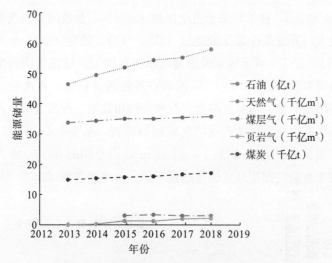

图 1-10　我国能源矿产储量探明情况变化

（引自中国矿产资源报告）

1.3　四川页岩气的发展历程

　　四川盆地是中国页岩气勘探开发的先导性试验基地，在页岩气勘探开发中起步早。早在 1966 年就在威 5 井下寒武统筇竹寺组发现了页岩气。2005 年左右，中石油对威远区域的老井和地质露头进行了调查，在此调查基础上，于 2009 年 12 月，在威远地区开钻了我国第一口页岩气评价井。同年 11 月，中石油与壳牌公司于北京签订了《四川盆地富顺－永川区块页岩气联合评价协议》，这是国内第一个合作开发的页岩气项目。2009 年，国土资源部油气资源战略研究中心和中国地质大学（北京）启动了"中国重点地区页岩气资源潜力及有利区优选"项目，并于 2011 年发布了调查研究的结果。根据研究结果，四川盆地页岩气储量占全国的 44.05%（其中四川地质储藏量 31.77 亿 m³，占全国

的 28.63％），技术可采量占全国的 38.94％，是我国页岩气资源
量最大、开发条件最优的地区（图 1-11）。随后（2012 年 4 月
11 日），长宁-威远国家级页岩气示范区设立，这是我国首个国
家级页岩气示范区。2017 年四川省投资近 3 亿元，首次启动全
省范围内的页岩气家底摸查，对包含四川盆地、西昌盆地、盐源
盆地等省内所有可能产气的区域进行调查，截至 2019 年底，累
计探明页岩气地质储量达 1.19 万 m³，占全国的 66％，成为全
国首个页岩气探明地质储量超过万亿立方米的省份（表 1-4）。

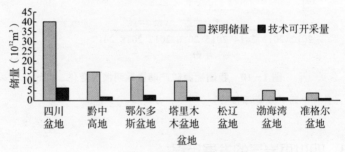

图 1-11 我国各页岩气储量分布

（引自《全国页岩气资源潜力调查评价及有利区优选》，2012）

表 1-4 四川页岩气勘探开发进展

时间	事件
1966	在威 5 井下寒武统筇竹寺组发现页岩气
2005	设立研究项目，对威远气田老井进行复查与露头地质调查
2007	中国石油在四川盆地威远地区与美国新田公司合作，签署了《威远地区页岩气联合研究》协议，在油田所钻的威 001-2 井寒武系页岩地层取芯，共同进行研究，接着对川南钻探页岩气井进行进一步研究
2008	中国石油勘探与生产公司，在川南、云贵北开辟了"川南、昭通"两个页岩气勘探开发示范区

时间	事件
2009	中国石油与壳牌公司合作开发项目——富顺-永川区块页岩气项目,中国第一口页岩气评价井——威201井开钻
2010	威201井成功采气
2011	我国第一口页岩气水平井——威201-H1井试采
2012	国土资源部公布全国页岩气资源评估报告,四川盆地为我国页岩气资源量最大、开发条件最优的地区;长宁-威远国家级页岩气示范区设立
2013	昭通国家级页岩气示范区首个页岩气风险合作项目结出硕果,YS108H2平台测试页岩气日产量突破115万 m^3,成为首个百万 m^3 页岩气平台;开钻国内第一个"工厂化"试验平台——长宁H3平台
2014	长宁建成我国第一条页岩气外输送管道,国内首个省属页岩气重点实验室——页岩气评价与开采四川省重点实验室成立
2015	编制完成《四川省页岩气产业技术路线图》,四川省首届页岩气专家咨询委员会成立
2016	长宁-威远国家级页岩气示范区累计生产页岩气达到20.09亿 m^3,日产气量达到724万 m^3
2017	四川省启动页岩气资源调查评价,首次对全省页岩气情况进行全面摸底,探明页岩气储量近2600亿 m^3
2019	泸203井测试日产量137.9万 m^3,成为国内首口单井测试日产量超百万 m^3 的页岩气井;四川累计探明地质储量达1.19万亿 m^3,成为全国首个超万亿页岩气探明储量大省

从页岩气发展的整个历程可知,相对于美国,国内页岩气开采相关工作的开始和成熟都较晚,但从国内页岩气工作初始,四川盆地无论是在研究方面,还是在开采方面都走在国内其他区域

四川页岩气
·开发的水环境问题及其监管制度研究·

前面，是国内页岩气开采的先锋示范区域，目前页岩气开采活动量也在国内居于首位，因此，在该区域进行页岩气相关研究在国内具有重要的代表性。

第 2 章　页岩气开发的水环境影响

2.1　页岩气开发过程及主要环境问题

　　页岩气等非常规天然气的开发为美国带来了一次革命性的能源格局改变。从 2000 年到 2010 年，美国页岩气产量增长了 12 倍，使美国在 10 年内迅速从世界最大的天然气进口国变成了一个自给自足的国家，同时页岩气的开发给国内创造就业 60 万个（截至 2010 年），减排 CO_2 4.3 亿吨（2006—2011 年）。但是，伴随着页岩气开发而来的，除了这些利好，还有一系列不容忽视的环境问题。

　　页岩气开发活动包括场地平整与准备，钻井活动，压裂操作与完井，气井生产和运行，压裂液、返排液和产出水的储藏和运输，以及其他活动。这个过程中引发的环境问题包括：水资源消耗与污染、土地占用和植被破坏、温室气体泄漏、噪声污染、诱发地震等。与常规天然气相比，页岩气渗透率低，必须依赖水力压裂技术进行开采，而且为了提高后期产量，往往会进行二次、三次压裂。因此，压裂过程导致的水资源消耗与水污染在众多环境问题中格外引人关注。

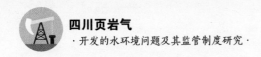

2.2 页岩气水平压裂开采过程

　　水平压裂是将水平钻井技术与水力压裂技术组合，用于钻井的一种技术。它被认为是开启页岩气的一把"金钥匙"。与垂直钻井压裂相比，水平压裂大大增加了套管与储气层的接触面积，使储气层的压裂面积增加，从而大大提高了产气量。页岩气水平压裂开采过程主要包括钻井、压裂两个过程。钻井过程包括垂直段钻井和水平段钻井，根据钻井深度的不同，使用不同的钻井液。以重庆涪陵页岩气示范区为例，导管、一开及二开直井段采用清水钻井，二开斜井段采用水基钻井液，三开水平段钻井采用油基钻井（图 2-1）。压裂主要包括取水、配制压裂液、注井压裂、压裂液返排，以及废弃物处理和处置 5 个过程（图 2-2）。

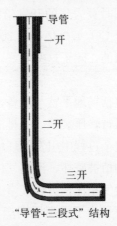

"导管+三段式"结构

图 2-1　重庆涪陵页岩气示范区内页岩气井井身结构示意图

（引自重庆市涪陵区环境保护局，2016）

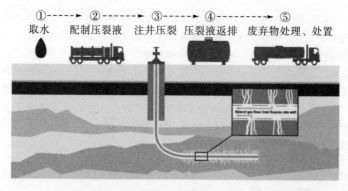

图 2-2　页岩气水平压裂过程

[引自雷格（Reig）等，2014]

　　钻井和压裂过程中存在一系列的水环境风险，包括：①大量的取水，导致水资源量不足；②钻井平台上的钻井液、压裂液渗漏，污染地表水、地下水；③废弃物存放、处理不当，污染地表水；④废水回注对地下水的不利影响等（图 2-3）。

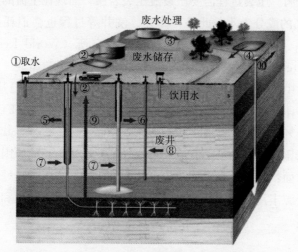

图 2-3　页岩气开采中水环境问题来源示意图

[引自阿夫纳·文戈什（Avner Vengosh）等，2014]

注：①大量取水，导致当地水资源不足或短缺，尤其是在缺水地区影响更大；②钻井平台废液渗漏、泄漏，污染地表水和浅地下水；③将处理不达标的废水排入河流，污染物堆积处理不当；④回注废液存放不当，导致渗漏；⑤页岩气层套管渗漏，气体逸出，污染浅地下水（逸出的气体可能携带来自地层的盐分、污染物或者压裂液）；⑥套管渗漏，导致气体逸出，污染浅地下水；⑦从地层中的裂隙渗透出的气体，污染浅地下水；⑧废弃井中污染物向周围渗透；⑨深层地下水向浅地下水的渗透；⑩回注井渗漏，污染浅地下水

2.3 水资源问题

2.3.1 页岩气区块水资源压力现状

无论是钻井还是压裂，都需要消耗大量的水资源。钻井过程中，需要使用钻井液为钻头润滑、降温，同时带出钻井过程中产生的岩屑。压裂过程需要压裂液压裂岩层，而现在主流的压裂液约99%的成分为水。此外，固井、洗井等过程也会消耗一定的水资源（表2-1）。根据世界资源研究所（World Resources Institute，WRI）的报告，全球约38%的页岩能源储藏区水压力极大，中国、阿尔吉尼亚、墨西哥、南非、利比亚、巴基斯坦、埃及、印度等国家页岩气开采的水压力都很高（表2-2）。在中国，61%的页岩气区块水压力为高到极高，甚至干旱，其中四川盆地水压力为高到极高。造成页岩气开发水压力高的原因，主要有两方面：一是本身水资源少，甚至处于干旱或半干旱地区；二是水资源丰富但供需不平衡，典型的代表便是四川盆地和塔里木盆地。

表 2—1　页岩气开发中的主要用水环节

开采过程	水用途
钻井	钻井液
固井	水泥
洗井	盐水
压裂	压裂液

（引自刘小丽等，2016）

表 2—2　全球页岩能源储藏区水压力情况

排名	页岩气技术可采量（EIA 估计，单位：万亿立方英尺）	国家	页岩区块平均水压力
1	1115	中国	高
2	802	阿根廷	低—中
3	707	阿尔吉尼亚	干旱、缺水
4	573	加拿大	低—中
5	567	美国	中—高
6	545	墨西哥	高
7	437	澳大利亚	低
8	390	南非	高
9	287	俄罗斯	低
10	245	巴西	低
11	167	委内瑞拉	低
12	148	波兰	低—中
13	137	法国	低—中
14	128	乌克兰	低—中
15	122	利比亚	干旱、缺水

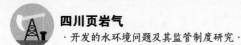
排名	页岩气技术可采量（EIA 估计，单位：万亿立方英尺）	国家	页岩区块平均水压力
16	105	巴基斯坦	极高
17	100	埃及	干旱、缺水
18	96	印度	高
19	75	巴拉圭	中—高
20	55	哥伦比亚	低

（引自雷格等，2014）

2.3.2 页岩气开发水资源需求

尽管已有很多研究分析了页岩气的耗水量，但是各研究对耗水量的估算却存在着较大差异。伊内·范德卡斯特雷（Ine Vandecasteele）等（2015）对 2011—2013 年的文献进行分析，发现单井耗水量估算值变化范围为 3500m³ 到 50000m³（图 2—4）。即便是同一页岩区块，耗水量估算差异也很大。以巴奈特（Barnett）为例，估算值小的，每口井耗水量不到 1 万 m³，而大的则超过了 4 万 m³，其他地区也是如此（图 2—5）。造成耗水量估算值差异大的原因除了页岩气本身特性差异（包括地质条件差异，比如埋藏深度、页岩区块大小、渗透性、页岩类型差异等），以及压裂技术（比如水利用效率、渗漏风险控制、压裂液返排率以及返排液回用率）、国家政策（例如水环境成本）差异等，还有对重复压裂次数、耗水环节估算的不同。

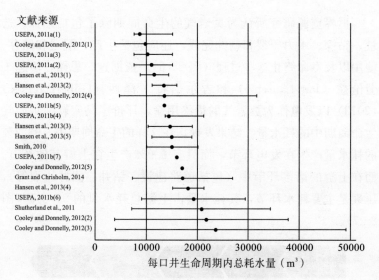

图 2-4　不同文献单井耗水量估算

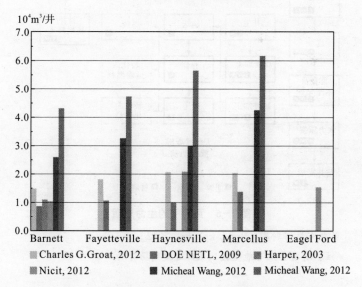

图 2-5　美国主要盆地页岩气井压裂用水量比较

（引自刘小丽等，2016）

四川页岩气
·开发的水环境问题及其监管制度研究·

世界资源研究所认为页岩气的生命周期除了包括勘探、选址、钻探、水力压裂和钻井完成，还应包括生产、配送和储存、使用以及寿命终止这些过程（图2-6）。依据这一思路，伊恩·劳伦兹（Ian Laurenzi）和吉尔伯特·泽西（Gilbert Jersey）(2013)以发电作为页岩气的最终用途，评价了马塞勒斯页岩气生命周期中的耗水量。结果发现，在这样的生命周期中，93.3％的耗水量产生在发电环节，而只有6.9％产生在上游其他环节。而在上游的诸多环节中（包括道路建设、钻井、固井压裂等），压裂是主要耗水环节，其耗水量占上游总耗水量的91.8％（图2-7）。

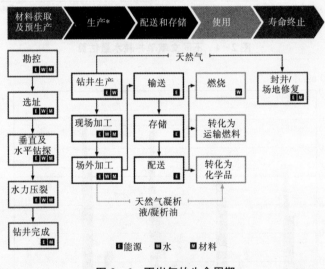

图2-6 页岩气的生命周期

［引自布拉诺斯基（Branosky）等，2012］

*注：有些企业可能直接从生产过渡到场外加工

28

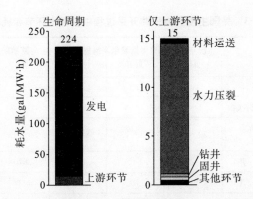

图 2-7　马塞勒斯页岩气在生命周期中的耗水情况

　　除了生命周期这种估算耗水过程的方法，还有以下一些估算方法：

　　(1) 拟生命周期法 (不考虑最终用途)。

　　这种方法主要考虑页岩气生产过程的耗水量。如果将页岩气使用前的阶段称为生产过程，则这一过程包括钻前工程 (勘察、井场准备等)、钻井工程 (钻井、固井、洗井、压裂)、采气、天然气处理和运输。有的研究甚至直接将这一过程简化为钻井、固井、洗井和压裂四个过程或钻井、固井、压裂三个过程，其中压裂耗水量最大，其次为钻井耗水。

　　刘小丽等 (2016) 通过研究指出，目前美国页岩气开发在钻井阶段平均用水量为 700～1200m³/井，与克拉克 (Clark) 等 (2013) 的估算相似 (表 2-3)。四川盆地页岩气钻井阶段平均用水量为 600～700m³/井，略低于美国的平均值，但是，四川盆地页岩气开发中单井总用水量却比美国略高 (四川盆地 2.1 万 m³)。这是因为页岩气开发中大部分水量用于了压裂 (约占总用水量的 95%)，四川盆地压裂用水量约为 2 万 m³/井 (表 2-4)。

表 2-3　美国主要页岩气井开采过程中的耗水环节和耗水量

参数	巴奈特页岩	费恩斯维尔页岩	海恩斯维尔页岩	马塞勒斯页岩	常规天然气
生命周期(年)	30	30	30	30	30
每口井平均压裂次数	1～3	1～3	1～3	1～3	可不使用
估计产气量 ($10^6 m^3$/井)	39～84	48～73	98～180	39～150	22～35
钻井耗水(m^3/井)	920	640	1080	670	300～410
固井耗水(m^3/井)	100	70	140	90	27～37
压裂耗水 (m^3/作业)	6800～23500	1400～25400	12900～33400	9900～22000	—
返排液(0～10天) (单位为作业)	0.2	0.1	0.05	0.1	—
循环使用的返排液	0.2	0.2	0	0.95	—
生产过程总耗水量 (m^3)	7548～70580	2082～76402	14120～101420	10529.5～65480	327～447

（引自克拉克等，2013）

表 2-4　四川盆地页岩气开发过程水资源消耗情况

钻井（m^3）	固井（m^3）	洗井（m^3）	压裂（m^3）	总量（m^3）
600～700	80	90～120	20000	20770～20900

（引自刘小丽等，2016）

（2）仅考虑钻井和压裂过程。

考虑到固井和洗井耗水量较小，一些研究者便使用钻井和压裂阶段的耗水来表征页岩气开发的水消耗，或者将固井、洗井过程的耗水计入钻井耗水中。如格雷戈里等（2011）估算认为美国页岩气开发耗水主要来自钻井和压裂，其中钻井耗水 400～4000m^3，压裂耗水 7000～18000m^3，其他研究也采用了相似的方式（表 2-5）。

表 2-5　页岩气钻井和压裂耗水量

页岩气区块	钻井耗水量/井 （m^3）	压裂耗水量/井 （m^3）	总耗水量/井 （m^3）
巴奈特页岩	1514.160	8706.420	10220.580
费恩斯维尔页岩	227.124	10977.660	11204.784
海恩斯维尔页岩	3785.400	10220.580	14005.980
马塞勒斯页岩	302.832	14384.52	14687.352
四川盆地	835	20000	20835

注：以上数据为均值，不同井的用水量有较大差异。数据来源于美国地表水保护协会（2009）

事实上，由于压裂耗水占了开采过程耗水量的绝大部分，且压裂时间短，因此在评价具体钻井平台作业对水资源的压力时，以上三种方法都不适宜。考虑到水资源在时间上的可补充性，相对于耗水总量，压裂阶段给水资源造成的短时强压力对页岩气发展的制约作用更大。以马塞勒斯页岩区块为例，2010 年宾夕法尼亚和西弗吉尼亚两州的页岩气井需水量仅占马塞勒斯页岩区总水量的 0.52%～0.92%。从数字上看，这个水量比很小，但由于页岩气井的钻探周期较短（钻井需 4～5 周，水力压裂处理需 3～5 天），在此期间内每口马塞勒斯页岩气井每天需用水约 3 万加仑①。

---

① 1 加仑＝3.785412 升

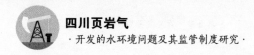

2.4 水污染问题

水环境污染是页岩气开发中最重要的负面因素之一。据美国麻省理工学院 2011 年统计，2001—2010 年，美国约有 20000 口页岩气井采用水力压裂开发，发生了 43 起广泛报道的水污染事故。其中 48％涉及钻井液和压裂液污染地下水资源，33％涉及现场污水泄漏，10％涉及返排水和空气质量，9％涉及现场污水外排（图 2—9）。而马塞勒斯页岩气开采过程中引发的环境污染事件占整个开采事件的 63％（杨德敏等，2014），其中水环境污染事件占环境污染事件的 45％，并导致宾夕法尼亚州莫农加希拉等河流可溶性颗粒物（Total Dissolved Solids，TDS）含量高达 900mg/L。奥斯本（Osbom）和杰克逊（Jackson）等（2011）的研究显示距离马塞勒斯页岩气井 1km 范围以内的地下水中含有较高浓度的甲烷。对海恩斯维尔和巴奈特页岩气井区地下水质的检测中，同样检测出了高浓度的 TDS 和 As、Se 等有毒非金属元素（张东晓等，2015）。

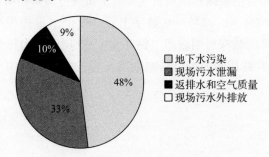

图 2—9　页岩气开发相关的水环境污染

（引自李劲等，2014）

此外，页岩气开采的废水产量和来源也不同于常规天然气。卢茨（Lutz）等（2014）对比 2004—2011 年马塞勒斯页岩气开发污水产量、污水成分与常规天然气开采的差异时发现：一方面，2008 年后，页岩气开采产生的废水量明显高于常规天然气；另一方面，其废水的主要成分也不同于常规天然气（图 2—10）。马塞勒斯地区在进行页岩气开采前，年废水产量约为 800ML[①]，而由于页岩气开采的进行，到 2011 年，废水产量升高到每年 3144.3ML。另外，常规天然气开采的废水主要包括：盐水 86.9%±3.5%，返排液 8.5%±2.7%，钻井泥浆 4.6%±1.0%。而页岩气开采废水主要包括：盐水 44.7%±8.3%，返排液 14.2%±5.6%，钻井泥浆 14.2%±5.6%。

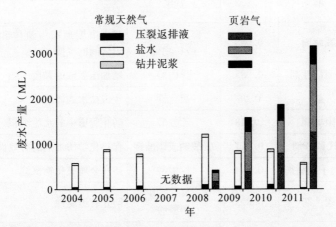

图 2—10　常规天然气和马塞勒斯页岩气开采年废水产出总量对比

（引自卢茨等，2013）

　　页岩气压裂过程中使用的压裂液约 99.5% 为水和沙，其他有害成分添加剂仅占 0.5%（表 2—6）。虽然有害物质占比较低，但由于使用量大，其危害也不容小觑。据统计，2011—2015 年期间，美国 14 家主要油气田开发公司在页岩气开发过程中使用

---

① ML，Million liters，即百万升

了大约 295 万 m³的压裂用化学添加剂，其中就有多达 750 种苯及铅等有毒化学产品。

表 2-6　常见压裂液的组成成分及其作用

成分	体积占比（%）	常用物质	用途
水、沙	99.50	悬浮沙	用作"支撑剂"，使微裂缝保持张开，气体能持续溢出
酸	0.123	盐酸	溶解矿物并使岩石产生裂缝
减摩剂	0.088	聚丙烯酰胺或矿物油	最大限度地减少流体和管道之间的摩擦
表面活性剂	0.085	异丙醇	增加压裂液的黏度
盐	0.06	氯化钾	生成盐水载体流体
阻垢剂	0.043	乙二醇	防止管道中的水垢沉积
pH 调节剂	0.011	碳酸钠或碳酸钾	保持化学添加剂的有效性
铁离子控制剂	0.004	柠檬酸	防止金属氧化物沉淀
缓蚀剂	0.002	N，N-二甲基甲酰胺	防止管道腐蚀
杀菌剂	0.001	戊二醛	减少产生腐蚀性和有毒副产品的细菌的生长

（引自格雷戈里等，2011）

另外，页岩气与常规天然气开采最大的不同有两个：①页岩气开采必须使用压裂液对岩层进行压裂，而压裂液中含有苯、铅等有毒有害添加剂，存在潜在的环境风险；②水平压裂中，压裂液在进入和返排的过程中，与岩石接触的面积更大，因此会从岩层洗脱更多的 TDS，导致返排液、产气水的 TDS 更高，同时也会将更多重金属、放射性元素洗脱到返排液和产气水中。

由于压裂液潜在的环境风险，美国地下水保护委员会和州际石油天然气委员会共同建立了网站，专门用于向公众披露境内各钻井压裂作业所使用的化学品信息。

当压裂结束，压力解除后，压裂液会携带着地层中原有的物质返回到地面。在产气前，这种返排回来的混合液体被称为"返排液"（flow-back water）。返排液和产气水的成分决定于压裂液以及压裂地层的岩性，其中返排液的成分主要决定于压裂液，而产气水则主要决定于压裂层原有的水及岩性。美国联邦环保署（US Environmental Protection Agency，USEPA）的报告显示，页岩压裂返排液中含有高浓度的 TDS（含量在 100000mg/L 以上）和压裂液化学添加剂，是石油工业中最不容易净化处理的工业污水。常见返排液中含有高浓度的氯离子、钠离子、钙、锶、钡及溴化物，同时还有钻井时残留的油类及来自地层的放射性元素（表 2-7）。一口页岩气井最终会产生多少返排液，这在不同的井之间差异较大，体积量从压裂液的 1% 到 300% 不等。另外，不同井压裂返排液的化学成分差异也较大。对比不同研究文献，TDS 低的井不到 10000mg/L，而高的井可达到近 200000mg/L。同样，石油类、放射性元素含量在不同区块、不同井之间的差异也非常大，这一差异由压裂液和地层地质特征共同决定（表 2-8）。同一口井，随着时间的变化，返排液成分的变化也较大，通常化学需氧量（Chemical Oxygen Demand，COD）随着时间推移呈下降趋势。而 TDS 则随着时间的推移呈现上升趋势。这主要是因为，COD 主要来源于钻井液和压裂液，它们会在返排后不断被排出，因而呈降低趋势。而 TDS 主要为从岩层洗脱的盐粒子，返排液与岩层接触的时间越长，被洗脱的盐粒子越多，因此 TDS 增加。这也是返排液中 Na^+、Cl^- 等盐离子随着时间增加的原因（表 2-9）。

四川页岩气

·开发的水环境问题及其监管制度研究·

表 2-7　常见返排液的成分及其浓度范围

指标	最低值（mg/L）	中值（mg/L）	最高值（mg/L）
总溶解固体	66000	150000	261000
总悬浮固体	27	380	3200
硬度（如 $CaCO_3$）	9100	29000	55000
碱度（如 $CaCO_3$）	200	200	1100
氯化物	32000	76000	148000
硫酸盐	ND	7	500
钠离子	18000	33000	44000
钙	3000	9800	31000
锶	1400	2100	6800
钡	2300	3300	4700
溴化物	720	1200	1600
铁离子	25	48	55
锰	3	7	7
油和油脂	10	18	260
总放射性	ND	ND	ND

注：ND 表示未测定

表 2-8　各地返排液化学特征对比

指标	单位	丹佛—朱尔斯堡盆地(美国)	海恩斯维尔盆地(美国)	马塞勒斯盆地(美国)	威远地区	长宁地区	延长地区	国内1#	国内2#	国内3#	国内4#	国内5#	国内6#	国内7#	国内8#	范围
pH	无	6.8	6	5.7	6.0~7.5	6.5~7.8	7.05~7.33	7.53	6.74	7.62	6	7	7	6	6	5.7~7.62
TDS	mg/L	22500	195000	未测定	9650~26800	11300~20755	未测定	11900	12200	9700	未测定	未测定	未测定	未测定	未测定	9650~195000
COD	mg/L	1218	未测定	未测定	521~1130	235~897	3880~5150	45700	2840	166	未测定	未测定	未测定	未测定	未测定	166~45700
BOD5	mg/L	1100	未测定	未测定	未测定	未测定	未测定	10000	960	25.8	未测定	未测定	未测定	未测定	未测定	25.8~10000
石油类	mg/L	59	未测定	未测定	未测定	未测定	240~465	57.9	8.49	未检出	未测定	未测定	未测定	未测定	未测定	8.49~465
氨氮	mg/L	24.7	未测定	未测定	未测定	未测定	未测定	54.3	35.3	22	未测定	未测定	未测定	未测定	未测定	22~54.3
氯化物	mg/L	13600	116900	69430	5290~10600	6500~11600	5170~6240	6250	5490	5080	5395.5	2571.5	3301.5	14626.0	12090.9	2571.5~116900
溴化物	mg/L	87.2	未测定	未测定	未测定	未测定	未测定	21.6	29.6	32.1	未测定	未测定	未测定	未测定	未测定	21.6~87.2
硫酸盐	mg/L	1.3	未测定	未测定	6~48	2~60	56~264	57.8	201	43.4	173.8	132.5	146.0	1920	2208	1.3~2208
酚类	mg/L	1.4	未测定	未测定	未测定	未测定	未测定	0.34	0.1	未检出	未测定	未测定	未测定	未测定	未测定	0~1.4
As	mg/L	0.067	未测定	未测定	未测定	未测定	未测定	0.011	0.0053	0.018	未测定	未测定	未测定	未测定	未测定	0.0053~0.067

四川页岩气

·开发的水环境问题及其监管制度研究·

指标	单位	丹佛—朱尔斯堡盆地(美国)	海恩斯维尔盆地(美国)	马塞勒斯盆地(美国)	威远地区	长宁地区	延长地区	国内1#	国内2#	国内3#	国内4#	国内5#	国内6#	国内7#	国内8#	范围
B	mg/L	3.105	未测定	未测定	未测定	未测定	10~25	7.12	67.5	13.9	3.24	4.32	3.78	561.6	691.2	3.24~691.2
Ba	mg/L	8.542	6500	1210	35~40	24~36	未测定	15.1	4.91	15.5	未测定	未测定	未测定	未测定	未测定	4.91~6500
Ca	mg/L	524.1	1800	8200	379~398	71~438	未测定	859	324	143	184	208	492.4	1930.4	2128.4	71~8200
Cr	mg/L	0.058	未测定	未测定	未测定	未测定	未测定	未检出	未检出	未检出	未测定	未测定	未测定	未测定	未测定	0~0.058
Cu	mg/L	0.288	未测定	未测定	未测定	未测定	未测定	0.01	未检出	未检出	未测定	未测定	未测定	未测定	未测定	0~0.288
Fe	mg/L	81.42	60	201	38~60	10~40	146~544	12.8	70.8	7.41	1.7	10.1	4.5	25.2	29.1	4.5~544
Mg	mg/L	106.4	1300	407	290~340	22~310	未测定	16.3	59.3	18.1	16.5	20.4	78.5	152.1	207.0	16.3~1300
Mn	mg/L	1.471	未测定	未测定	未测定	未测定	未测定	0.759	1.3	2.11	未测定	未测定	未测定	未测定	未测定	0.759~2.11
Na	mg/L	6943.9	48000	未测定	2840~6780	3900~9980	6129~7050	3880	3350	3660	2056.4	1453.3	2599.5	1338.4	2239.3	3350~48000
Sr	mg/L	60.25	4000	1940	3~24	20~96	未测定	18.3	47.7	14.7	未测定	未测定	未测定	未测定	未测定	3~4000
Zn	mg/L	0.051	未测定	未测定	未测定	未测定	未测定	未检出	0.233	未检出	未测定	未测定	未测定	未测定	未测定	0~0.233

注：数据来源于史聆聆等(2015)、莱斯特(Lester)等(2015)、何启平等(2016)、范明福等(2017)、王永光等(2018)

表2—9 返排液化学性质随时间的变化

时间（天）	1	4	7	15	22	55	80	130	220
COD (mg/L)	8215	3900	4725	4305	3825	2837	2890	2650	2543
pH	7.42	7.10	7.05	6.90	6.56	6.83	6.89	7.01	6.80
碱度 (mg/L)	1070	700	850	570	440	612	553	479	475
浊度 (NTU)	1835	109	177	194	371	196	283	214	223
TSS (mg/L)	545	320	378	378	380	460	273	205	172
VSS (mg/L)	350	155	168	160	238	226	195	90	123
TDS (mg/L)	14220	14613	17763	18586	19433	15320	16967	17482	18756
Cl^- (mg/L)	6524	7886	7640	9435	10359	8806	10036	9927	11650
Br^- (mg/L)	86.0	101.4	111.2	124.5	128.6	109.3	128.4	143.7	168.5
SO_4^{2-} (mg/L)	74.9	64.0	65.6	42.6	38.9	14.4	21.1	31.6	8.7
HCO_3^- (mg/L)	1303	853.5	1036.0	695.1	536.7	746.4	674.4	584.1	579.3
Mn (mg/L)	0.50	0.88	0.66	0.88	0.97	0.50	0.43	0.41	0.34
Fe (mg/L)	43.4	69.3	51.1	64.3	54.5	30.4	28.9	33.0	19.2
Mg (mg/L)	15.3	20.7	26.2	34.5	38.4	26.8	26.8	34.3	38.1

续表2-9

时间（天）	1	4	7	15	22	55	80	130	220
Si (mg/L)	46.7	47.8	46.5	47.8	43.6	47.7	48.0	48.8	37.2
Al (mg/L)	0.40	0.84	3.30	DL	DL	DL	DL	DL	0.01
Ca (mg/L)	171.1	197.9	163.3	229.2	256.6	185.1	226.5	243.1	266.9
Na (mg/L)	4385	4858	4659	5799	6095	5717	6128	6187	6934
K (mg/L)	21.5	23.9	32.7	49.0	54.7	27.8	30.2	26.5	30.2
Ba (mg/L)	4.8	6.6	7.3	10.9	14.2	9.3	9.7	12.8	13.7
Sr (mg/L)	15.7	20.5	22.9	31.4	39.5	25.7	31.4	35.6	40.0

注：数据来源于罗森布卢姆（Rosenblum）等（2017）。DL，表示低于最小检查值，未检出。Al的最小值检出为0.0001 mg/L，Mn为0.0003 mg/L，Si为0.025 mg/L

2.5　影响水环境问题的因素

2.5.1　地质因素

　　许多人曾提出质疑，水力压裂过程中，巨大压力下岩层产生的裂隙是否会导致地下水污染。2015 年 7 月，美国联邦环保署公布了一份花费了 5 年时间的研究报告，报告指出根据其收集的950 组信息，水力压裂与地下水污染并不存在普遍的、确凿的关联。这一观点的有利论据是，地下水的深度远远浅于压裂液作用的深度。以美国马塞勒斯盆地为例，其地下水最深可达 850 英尺，而页岩层的深度为 4000～8500 英尺，一些学者认为，水力压裂不可能产生连通 3000 英尺的裂隙，页岩层的液体也不可能穿越 3000 英尺的岩层到达地下水中。然而，许多具体的研究却直接或间接地得出了相反的结论。

　　首先，一些研究指出，水力压裂与当地地震的发生频率有明显相关性。美国俄克拉荷马州地质调查局发现，当地的地震数每年都在增加，到 2010 年地震数高达数千次。对该州 2011 年 1 月18 日发生的地震的分析表明，水力压裂后很快就有超过 50 起的小型地震发生。2012 年，美国地质调查局在地质学年会上公布的报告称，从亚拉巴马州到北方落基山脉的美国中西部地区，近十年来地震频发的原因与人类活动密切相关。页岩气开采与地震的关联性暗示了其对地层结构的重要影响，也暗示了其可能通过改变地层结构影响地下水。

　　其次，一些研究还观察到饮用水中甲烷升高的现象。奥斯本（Osborn）等（2011）对宾夕法利亚东北部地区和纽约州北部地区水力压裂井进行调查，发现在页岩气开采区域，页岩气井附近饮用水的甲烷含量明显增加。其他一些研究者在研究中也发现了

四川页岩气
·开发的水环境问题及其监管制度研究·

同样的现象（Darrah 等，2015；Harkness 等，2017）。甲烷是一种重要的温室气体，气热吸收能力是 CO_2 的 100 倍。有研究指出，尽管页岩气的开发降低了 CO_2 的产生，但由于其开发导致甲烷泄漏增加，因此页岩气带来的温室效应反而高于常规天然气、煤炭和石油（Howarth，2015、2019）。

虽然已有诸多间接证据，但并不足以证明页岩气与地下水污染之间的直接联系。以地震为例，有研究者认为，导致地震频率增加的主要因素是废水的回注，而不是压裂活动（Keranen 等，2011；Yeck 等，2017），而废水回注是油气开采中普遍存在的行为。对于甲烷也存在类似情况。例如奥斯本等（2011）也发现在马塞勒斯和尤蒂卡页岩开采区，页岩气开采 1km 范围内水体甲烷含量明显高于 1km 外。但是这一现象却不是页岩开采造成的，而是甲烷的自然扩散造成的。在这样的背景下，研究者便采取多种方式对地下污染的来源进行了分析。其中最简单的方法是跟踪监测页岩气开采前、中、后地下水水质的变化，从而判断页岩气开采活动的影响。这一方法的难点是，少有研究者在页岩气开采前便对井场周边进行了水质采样。且这一方法也无法展示污染物的迁移路径，不能给污染的防治工作提供实际的指导。因此，另一些研究便试图通过特征元素分析，以及地质、特征元素相结合的分析方式，进行污染来源、污染路径分析。

（1）特征元素分析。

维迪奇（Vidic）（2013）把某一活动中独具特色的污染物质称作"指纹污染物"（finger print contaminants）。他认为可以通过观察 Sr、Ba、Br 这些在返排液和产气水中具有高度特异性的物质，来确定压裂活动对水质的影响。沃纳（Warner）等（2012）就是通过对比分析不同区域浅地下水和深地层盐水的化学元素（Br、Cl、Na、Ba、Sr、Li）、同位素比（[87]Sr/[86]Sr、[2]H/H、[18]O/[16]O、[228]Ra/[226]Ra），发现了宾夕法尼亚州东北部地区深地层盐水与浅地下水之间存在的天然水力联系。另外沃纳等（2014）还发现，压裂返排液的 B/Cl、Li/Cl、δ^{11}B、δ^7Li 与常规油气的返产出水存在明显差异，通过这几组元素的特征，可以分析出压裂返排液对水体的微弱污染。除了追踪压裂活动过程中水污染物的来源，元素分析还常被用来分析返排液或产气水中化学组分的来源。科尔（Kohl）等（2014）就通过跟踪监测同位素 Sr 在压裂液注入前、中、后的变化，指出并没有明显的证据表明马塞勒斯地区水平压裂钻孔中的压裂液会垂直迁移到位于其900～1200m 上的岩层或地下水中。

（2）地质分析。

特征元素分析可以确定水体污染及污染的可能来源，而地质分析则可以提供污染物迁移的路径。例如，卢埃林（Llewellyn）（2014）通过分析水体的 Cl、Br，发现了深层地下盐水对浅地下水的污染，同时通过断层、节理发育特征及重力、地磁分析，发现在漫长的地质年代中，在阿巴拉契亚山脉盆地页岩区块，深层地下盐水通过垂直和水平两个方向的裂隙向浅地下水迁移。总体而言，目前将元素分析与地质分析相结合，来研究水力压裂对地下水威胁的报道还很少。国内相关研究目前仅限于通过地质分析推测水力压裂对地下水的影响（高杰，2017；王洪建等，2017；莫裕科等，2018）。

2.5.2　污水处理技术水平

页岩气压裂过程中，污染物除了通过向上迁移污染地下水、地表水，还可能通过排出地面的返排液、钻井废液等威胁地表水。在水平压裂钻井产生的废弃物中，液相废弃物占 45.54%。对于这些液相废弃物的处置，主要有以下一些方式：①废液池储存（干化池、晾晒池、晒水池、泥浆池），将施工作业中产生的压裂废液储存于专门的废液池中，采用自然蒸发的方式干化，最

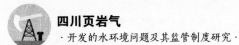

后直接填埋；②回注，直接排入采出水处理系统处理后回注，或者简单除油除悬后进入回注系统；③回灌，将生产污水直接或经简单处理注入目的层发育较好，储渗能力较强的废弃井、长关井、高含水低产井等；④达标处理后外排，通过城镇污水处理厂或撬装模块化设备处理后，排放到环境中。国内压裂返排液主要采用回用和回注的方式（表 2－10）。但无论是哪种处置方式，过大的处置量都会大大提高环境风险。例如，废液池储存过程中无意产生的洒落，会对周边土壤产生污染；由于暴雨等造成的泄漏则会产生更大的风险（Chen 等，2016）。此外，国外研究者还发现，过多的废水回注会导致地震频率增加。在国内，一些区块由于地层的原因，也不适宜采用回注的处置方式。例如，回注非龙马溪组地层，极易造成地层的不稳定，回注环境影响不可控。昭通地区压裂返排液回注地层主要为茅口组地层，而该区域茅口组地层为温泉水开采地层，如四川宜宾筠连巡司温泉等，昭通地区回注处理压裂返排液极易造成茅口组地热资源的压覆。另外，由于返排液含盐量通常很高，通过城镇污水厂处理，一方面会威胁污水处理系统；另一方面，城镇污水处理系统并不能实际解决高盐问题，只能通过稀释的方式降低浓度，未从根本上解决污染问题（饶维等，2019）。而撬装设备的处理规模较小、处理成本高、污水排放地点不确定，环境管理难度大。

表 2－10　西南地区各页岩气区块压裂返排液处置现状

序号	区块	处置现状
1	长宁	最大程度回用、暂存、回注
2	云南	最大程度回用、暂存、回注
3	内江	最大程度回用、暂存、回注
4	永川	最大程度回用、暂存，依托地方污水处理厂处理排放

续表 2—10

序号	区块	处置现状
5	涪陵焦石坝区块	最大程度回用、暂存
6	贵州区块勘探	最大程度回用、暂存
7	昭通区块	最大程度回用、暂存、回注

（引自向力等，2019）

在这样的背景下，废液的处理回用技术就显得尤为重要。废水处理回用技术不仅影响废液的环境污染风险，也直接影响压裂的水资源消耗。以威 202H18 平台为例，单井耗水 $36000m^3$，当两口井同时开钻时，以 20% 的返排率计算，将产生返排液 $14400m^3$。若返排液不回用，该平台 8 口井将产生 $57600m^3$ 的废液。若回用率 85%，则产生 $20880m^3$ 废液；若回用率 100%，则仅产生 $14400m^3$ 废液（表 2—11）。废液处理回用技术主要包括两个部分：废液处理、配液回用。其中废液处理的目的主要是去除不可溶颗粒物，降低可溶性颗粒物含量，主要工艺包括"灭菌＋化学沉淀＋过滤"三个工艺流程，而难点在于 TDS 含量的降低，这一过程可采用的技术有蒸馏技术、膜技术、生化技术、蒸发技术等。

表 2－11　威 202H18 平台不同回用率下废液产生量

井号	压裂液用量（m³）	返排情况		0％回用率		85％回用率		100％回用率	
		返排率	返排量（m³）	回用量（m³）	废液产生量（m³）	回用量（m³）	废液产生量（m³）	回用量（m³）	废液产生量（m³）
威202H18－1 威202H18－2	72000	20％	14400	0	14400	12240	2160	14400	0
威202H18－3 威202H18－4	72000	20％	14400	0	14400	12240	2160	14400	0
威202H18－5 威202H18－6	72000	20％	14400	0	14400	12240	2160	14400	0
威202H18－7 威202H18－8	72000	20％	14400	0	14400	0	14400	0	14400

2.5.3　政策法规

　　卢埃林（Rahm）等（2015）曾对马塞勒斯页岩区块环境事故进行分析，结果发现政策法规对环境事故数量具有显著的影响，仅 2011 年当地政府的一项内部环境事故备忘政策就使环境事故在随后降低了 45％。同样，康西丁（Considine）等（2013）也观察到，随着政策法规的颁布，环境事故数量也随之发生了变化（表 2－12）。

表 2—12　宾夕法尼亚地区环保措施与环境事故变化情况

时间	宾夕法尼亚环保部门的环保措施	单井环境事故发生率（%）
2008 年 8 月	要求公司核定废水的处理和储存方式	58.2
2008 年 12 月	征收许可费用，以用于雇佣更多的监管人员	
2009 年 1 月	与工业部门合作建立新的废水处理工厂和技术	40.3
2009 年 2 月	开设了斯克兰顿办公室，负责东北马塞勒斯的监管	
2009 年 4 月	公布含 TDS 废水的排放新标准	
2010 年 5 月	公布新的排放规则和井场的建设标准	26.5
2010 年 6 月	开展执法行动，确保运送废物的卡车遵守规定	
2010 年 10 月	制定废水运送车辆操作守则	

（引自康西丁等，2013）

政策法规对页岩气环境污染风险的影响可以分为两个方面。

首先，政策法规可通过约束污染物的处理、处置方式，影响页岩气开发对环境的影响。例如，《重庆市页岩气勘探开发行业环境保护指导意见（试行）》规定压裂返排液回用于配制压裂液，回用不完的，应处理达标后排放，严禁偷排漏排、稀释排放或回注。此政策规避了压裂返排液在地层中长期存储带来的环境隐患，也引导企业对达标处理技术和回用技术进行研究。与之相比，《四川省页岩气开采业污染防治技术政策》则未禁止回注的处置方式，而是提出：对采取回注处理方式的，应充分考虑其依托回注井的完整性，注入层的封闭性、隔离性、可注性，以及压裂返排液与注入层的相容性，确保环境安全。虽然政策对回注提出了严格的要求，但企业仍倾向于采取回注这种简单的处置方式，而这对威远、长宁等岩溶地貌发育的区块存在极高的环境风险。

其次，政策法规还可通过规范页岩气开发各个环节来减少环境安全隐患。在页岩气开发的环境事故中，大部分并不是由于违反环境法规造成的，而是由于管理或预防措施不到位造成的。康西丁等（2013）曾对 2008—2011 年宾夕法尼亚地区环境事故进行分析，结果发现 61.7% 是管理不到位造成的。帕特森（Patterson）等（2017）曾对 2005—2014 年美国科罗拉多、新墨西哥州、达科他州北部和宾夕法利亚四个地区 31481 个非常规天然气开发井进行分析，发现有 2%～16% 的非常规天然气在其开发过程中年均发生一次泄漏，在这些泄漏事故中设备故障、人为失误均是重要的事故导火索（图 2−11）。因此，出台有效的政策法规，对钻井过程中的操作行为进行规范、监管，也是降低环境安全隐患的重要途径。

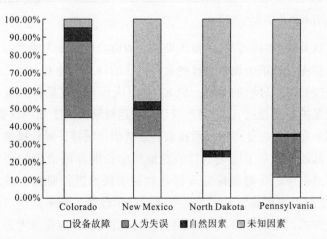

图 2−11　非常规天然气泄漏事故发生原因分析

（引自帕特森等，2017）

　　综上，页岩气开采过程中，从取水、钻井、压裂、返排到废水处理、处置，存在多个水环境风险环节。

　　从目前已有的研究来看，页岩气开发的水资源消耗量在不同区域、不同钻井平台之间存在较大差异，但风险环节均主要存在于压裂过程，造成这一现状的主要原因是该过程耗水量大且用水时间集中。目前应对这一问题的主要策略是：①前期储备足够的用水；②提高页岩气井、平台之间的压裂废水回用率。

　　与常规油气开采相比，页岩气的开采存在两个特殊性，一是压裂过程中压裂液使用量较大，二是压裂液与岩层接触的面积较大。因此，页岩气开采产生的废水污染物种类和质量均更多，废水盐度更高，携带来自地层的重金属、放射性物质的风险更大，这些因素使页岩气开采废水处理的难度较大。虽然目前处理页岩气开采废水的技术较多，但综合考虑处理技术的限制以及处理效果，在实际操作中更倾向于通过提高返排液利用率的方式来减少排入环境的污染物。

　　关于影响页岩气开发水环境问题发生的因素，通过上述分析可见，地质、污水处理技术水平和政策法规均是重要因素，但国内研究者更关注如何通过技术减少水环境污染问题，而少有研究关注地质因素对页岩气开发水污染风险的影响，以及法规政策引导下水环境问题发生情况会如何变化。

第 3 章　四川页岩气开发的水环境风险

3.1　四川页岩气开发现状

　　页岩气主要来自富有有机质的黑色页岩。中国广泛分布着海相、海陆过渡相以及陆相页岩三类富含有机质的页岩。海相页岩以中国南方扬子地区为代表，海陆过渡相煤系页岩主要分布在鄂尔多斯盆地、准噶尔盆地、塔里木盆地等，而陆相页岩则以渤海湾盆地、柴达木盆地新生界陆相页岩为代表（表 3-1）。四川盆地内发育有海相、海陆过渡相、陆相多套页岩气层系，是中国页岩气勘探开发最现实的地区。四川盆地古生界页岩地层发育丰富的微米-纳米级孔隙，页岩含气饱和度较高，盆地中南部的长宁-威远等地区是页岩气有利分布区。2017 年，四川省页岩气年产量达到 30.21 亿 m³，约占全国页岩气产量的 33%。其中长宁-威远区块共有投产井 163 口，生产井 158 口，年产气 24.73 亿 m³，占四川省页岩气总产量的 82%。

表 3-1　中国页岩分类及分布地区

沉积类型	分布地区
海相页岩	扬子地区古生界、华北地区元古界-古生界、塔里木盆地寒武系-奥陶系等

沉积类型	分布地区
海陆过渡相煤系页岩	鄂尔多斯盆地石炭系本溪组、下二叠统山西组－太原组、准噶尔盆地石炭－二叠系、塔里木盆地石炭－二叠系、华北地区石炭－二叠系、中国南方地区二叠系龙潭组等
陆相页岩	松辽盆地白垩系、渤海湾盆地古近系、鄂尔多斯盆地三叠系、四川盆地三叠系－侏罗系、准噶尔盆地－吐哈盆地侏罗系、塔里木盆地三叠系－侏罗系、柴达木盆地第三系等

（引自邹才能等，2010）

四川盆地一直是中国天然气勘探开发最具潜力的区域，大型整装常规气田既有 2003 年发现的普光气田，也有 2012 年发现的安岳龙王庙气田。四川盆地也是目前中国页岩气勘探开发的重点地区，以及开发最成功的地区。目前四川已有四个页岩气重点建产区——长宁勘探开发区、威远勘探开发区、昭通（四川和云南交界地区）勘探开发区、富顺－永川勘探开发区，以及两个评价突破区——川南勘探开发区、美姑－五指山勘探开发区（表 3-2）。

表 3-2 四川页岩气勘探开发区块

区块	地理位置	目的层	资源情况
长宁	四川盆地与云贵高原接合部，包括水富－叙永和沐川－宜宾两个区块	志留系龙马溪组富有机质页岩	有利区面积 4450km²，地质资源量 1.9 万亿 m²
威远	四川和重庆境内，包括内江－犍为、安岳－潼南、大足－自贡、璧山－合江和泸县－长宁 5 个区块	志留系龙马溪组富有机质页岩	有利区面积 8500km²，地质资源量约 3.9 万亿 m³

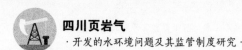
续表3-2

区块	地理位置	目的层	资源情况
昭通	四川和云南交界地区	志留系龙马溪组富有机质页岩	有利区面积 1430km²，地质资源量 4965 亿 m³
富顺－永川	主体位于四川境内	志留系龙马溪组富有机质页岩	有利区面积约 1000km²，地质资源量约 5000 亿 m³
川南	四川盆地南部，包括荣昌－永川、威远－荣县两个区块	志留系龙马溪组富有机质页岩	有利区面积 270km²，地质资源量 2386 亿 m³
美姑－五指山	四川盆地西南部	志留系龙马溪组富有机质页岩	有利区面积 1923km²，地质资源量 1.35 万亿 m³

3.2 四川页岩气的地质特征

四川盆地构造上属于扬子地台西部重要的一级单元，为大型古老叠合沉积盆地，基底为前震旦系变质岩及岩浆岩，受特提斯构造域、太平洋构造域的影响，经历了震旦纪－中三叠世克拉通地台沉积、晚三叠世－新生代前陆盆地沉积两大沉积演化阶段。印支运动前，四川盆地为扬子古海盆的一部分，受扬子地台发展所控制，震旦系、寒武系、奥陶系、志留系在半深水－深水陆棚相区沉积了丰富的富有机质页岩，在加里东运动、海西运动影响下，盆地边缘、乐山－龙女寺古隆起等局部区域页岩地层遭受剥失。泥盆系、石炭系沉积期，四川盆地－黔北地区上升隆起，大面积缺失该期沉积。早印支运动后，四川盆地转向大型内陆坳陷－前陆盆地沉积演化阶段，沉积了湖相、湖沼相页岩。喜马拉雅运动盆地全面褶皱回返，形成了盆地以北东向为主的褶皱和断裂体系。四川盆地沉积岩总厚度介于 7000～12000m。震旦系－中三叠统属海相沉积岩，厚度介于 4000～7000m；上三叠统－第四系属陆相沉积岩，厚度介于 3000～5000m。四川盆地富有机质页岩丰富，区域性富有机质页岩有 6 套，自下而上分别是上震旦统陡山沱组、下寒武统筇竹寺组、上奥陶统五峰组－下志留系龙马溪组、上二叠统龙潭组、上三叠统须家河组及下侏罗统自流井组（－沙溪庙组）（董大忠等，2015）。

基于北美页岩气勘探开发实践、统计分析及关键实验等结果发现，一般页岩气开发有利区及核心区主要具有 4 个地质特征：①源储一体，持续聚集，饱和成藏；无明显圈闭界限，封闭层或盖层必不可少。②储集层致密，以纳米级孔隙为主；天然气以吸附、游离等多种方式赋存。③不受构造控制，大面积连续分布，与有效保存的生气源岩面积相当。④资源规模大，有"甜点"核心区。也就是说，构造特征、孔隙度、含气量是决定页岩气岩储层品质的主要因素。

页岩气形成机制为原位"滞留成藏"。烃源岩在一定的温度和压力条件下生成天然气，即页岩气是烃源岩在一定的温压条件下所生成的天然气经排烃运移作用后残留下来的残余原地气。天然气先在有机质孔内表面饱和吸附；之后解吸扩散至基质孔中，以吸附、游离相原位饱和聚集；过饱和气初次运移至上覆无机质页岩孔中；气再饱和后，二次运移形成气藏（图 3－1、图 3－2）。因此，只要烃源岩达到一定的成熟度，无论其排烃输导条件如何，其中总会残存一些气体。在实际开发中，钻井中油气显示好、含气量高乃至"点火成功"等都不能证明页岩压裂后可以产出工业气流。目前判断页岩气岩储层是否能高产的标准主要包括 5 个：①有机质 $>2\%$（非残余有机碳）；②石英等脆性矿物含量 $>40\%$，黏土矿物含量 $<30\%$；③暗色富有机质页岩 $R_o>1.1\%$；④充气孔隙度 $>2\%$，渗透率 $>0.0001\times10^{-3}\,\mu m^2$；⑤有效富有机

四川页岩气
·开发的水环境问题及其监管制度研究·

质页岩连续厚度>30~50m。各指标的具体含义见表3-3。

由此可见，影响页岩气岩储层开发性的因素包括沉积背景（有机质量）、地质构造、岩层厚度、岩石性质（孔隙度、脆性）、有机质成熟度等。此外，埋藏深度也是影响开发难度的重要因子。我国估算的有利页岩气开发区块，一般埋深小于4000m或4500m。

砂岩地层	粒内、粒间孔隙聚集气		二次运移
页岩地层	无机质孔隙集气		一次运移（初次运移）
	有机质孔隙集气		无运移

图3-1　页岩气原位"滞留成藏"机理

（引自邹才能等，2010）

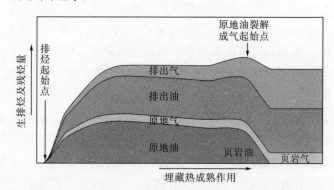

图3-2　烃源岩生排烃演化及页岩油气形成模式示意图

（引自王世谦，2017）

54

表 3-3　页岩储层特征参数解释

指标	指标解释
有机质	有机质含量，Total organic carbon，TOC。Charles Boye 等将页岩气资源有机质丰度定为 6 级：①很差，TOC<0.5%；②差，0.5%≤TOC<1.0%；③一般，1.0%≤TOC<2.0%；④好，2.0%≤TOC<4.0%；⑤很好，4.0%≤TOC<12.0%；⑥极好，TOC≥12.0%
R_o	镜煤反射率是测定有机质成熟度的一个参数，一般通过精密光学仪器 MPV3 显微光度计测定有机质组分中镜质组分反射率。R_o<0.5%~0.7% 时，生油岩未成熟；0.7%≤R_o<1.3% 时，成油主带；1.3%≤R_o<2.0% 时，湿气和凝析油带；R_o>2.0% 时，准变质阶段，干气带，只有甲烷
有机质类型	以 $\delta^{13}C$=-26‰、-29‰作为区分Ⅲ、Ⅱ和Ⅰ型干酪根的两个指标界限值。$\delta^{13}C$<-29‰，Ⅰ型；$\delta^{13}C$ 为-29‰~-26‰，Ⅱ型；$\delta^{13}C$>-26‰，Ⅲ型。Burnaman 等研究表明，Ⅰ、Ⅱ、Ⅲ型有机质均能形成页岩气，但以Ⅱ型为主，Ⅰ型有机质只有当 R_o>1.4% 时才可能成为好的气源岩，而Ⅱ型和Ⅲ型有机质则需要较高的氢指数才能保证有足够数量的天然气生成
渗透率	用于衡量多孔性介质（例如油气储层）在压力差作用下输送流体（例如天然气、石油或水）能力的一个指标，单位为毫达西（mD）、达西（D）、μm^2。$1\mu m^2$=1000mD=1D。可分为 5 个级别。①特高，渗透率≥2000mD；②高，500mD≤渗透率<2000mD；③中，100mD≤渗透率<500mD；④低，10mD≤渗透率<100mD；⑤特低，渗透率<10mD

（1）上震旦统陡山沱组页岩储层特性。

上震旦统陡山沱组烃源岩面积广、厚度较大、层位稳定，代表了中扬子区内第一套烃源岩重要发育期，由黑色页岩、深灰-灰黑色泥晶灰岩及含碳含泥云岩组成。陡山沱组暗色泥页岩分布广泛，累计厚度为 53.30~114.70m，平均为 87.3m；有机碳含量（有机质）为 0.80%~2.89%，普遍大于 1%；有机质类型主

四川页岩气
·开发的水环境问题及其监管制度研究·

要为Ⅰ-Ⅱ₁型；R_o为 1.44%～2.62%，平均为 1.85%。孔隙度为 1.24%～3.86%，平均为 2.32%；渗透率为 0.000361×10⁻³～0.904110×10⁻³ μm²，平均为 0.031857×10⁻³ μm²。总体而言，上震旦统陡山沱组暗色泥页岩具有厚度较大、有机质丰度相对较低、热成熟度高、脆性矿物含量高、黏土矿物含量低、低孔特低渗等特征，页岩气形成的基本地质条件较好。

（2）下寒武统筇竹寺组页岩储层特性。

下寒武统筇竹寺组是我国南方分布范围最广的海相富有机质页岩。筇竹寺组厚度变化大，介于 60～400m，共存在川北广元－南江、川东北万源、川南泸州 3 个沉降中心，在中心处厚度可达 400m。筇竹寺组泥页岩储层平均孔隙度为 0.79%～1.25%，渗透率为 0.0040×10⁻³～0.0800×10⁻³ μm²，平均渗透率为 0.3118952mD。筇竹寺组页岩的有机碳含量在区域上基本稳定在 0.36%～5.20%之间，主要以大于 2%为主，具有明显的高有机质特征。有机质类型以Ⅰ型干酪根为主，其次为Ⅱ₁型。R_o为 2%～6%，在区域上表现出从乐山－威远－资阳一带向外成熟度逐渐升高。盆地内大多数地区有机质成熟度过高，不利于页岩气的成藏。

（3）五峰组－龙马溪组页岩储层特性。

四川地区的志留系龙马溪组黑色页岩是一套富含有机质的烃源岩，属Ⅰ型干酪根，具有厚度大、埋藏适中、有机质成熟度高等有利条件，为页岩气在该地区的形成和聚集成藏，并形成大规模的气藏提供了可能。全四川盆地分布面积 14.7 万平方公里。

四川地区志留系的黑色页岩主要集中在其下部——龙马溪组。由于龙马溪组的黑－灰黑色页岩与下伏上奥陶统五峰组呈整合接触，在沉积上基本连续，一般将其当作同一页岩层。龙马溪组主要分布在川东南、川东北、鄂西渝东、中扬子区，受局部地质背景的控制，具有一定的沉积分异性，厚度在 20～800m 之间

56

变化，一般为 200m，四川盆地南部及东北部厚度最大。五峰组
有机质含量一般在 2%～3% 之间，在川南可达 5%。龙马溪组有
机质含量一般在 0.2%～6.7% 之间。五峰组有机质类型主要为
Ⅰ型，龙马溪组主要为Ⅱ型。渗透率为 0.000081×10^{-3} ～
$0.000341 \times 10^{-3} \mu m^2$，平均值为 $0.000215 \times 10^{-3} \mu m^2$。多数地区
埋藏深度适中（1000～3000m），该组页岩气资源量估算为 $4.0 \times$
10^{12}～$12.4 \times 10^{12} m^3$。

（4）龙潭组页岩储层特性。

晚二叠世龙潭期，四川盆地发生强烈拉张，之后整体沉降，
陆内裂陷、坳陷内沉积了一套富有机质泥页岩，这就是龙潭组页
岩，沉积厚度为 40～300m。龙潭组富有机质泥页岩层除川西绵
阳－德阳、川东南涪陵－石柱一带厚度相对较小（小于 50m）
外，其余大部分地区厚度在 50～140m。其中盆地北部的深水陆
棚相区和南部的潮坪潟湖相区厚度相对较大，均大于 100m。

龙潭组有机质丰度整体较高，在 0.8%～35.7% 之间，平均
值为 7.51%；有机质类型主体以Ⅱ型为主，生烃潜力优越；R_o
值主体分布于 1.6%～3.0%，处于主生气期，对页岩气的形成
十分有利。其中，川东北宣汉－开县和川西德阳－绵阳以及川南
赤水－习水一带演化程度相对较高，R_o 值在 2.5% 以上，处于过
成熟演化阶段。龙潭组泥页岩属于特低孔－特低渗储层，孔隙类
型以黏土矿物缝隙为主，孔隙度分布范围为 0.40%～3.31%，
平均值为 1.61%，渗透率在 0.000020×10^{-3} ～ $0.030021 \times$
$10^{-3} \mu m^2$ 之间，平均值为 $0.008290 \times 10^{-3} \mu m^2$。

四川盆地龙潭组富有机质泥页岩具有厚度较大、有机质含量
高、热演化程度适中、高脆性矿物含量及高成岩程度的特点，具
有较好的可压裂性，整体含气，天然气滞留量大，具有良好的页
岩气资源潜力和勘探前景。

（5）须家河组页岩储层特性。

上三叠统须家河组和下侏罗统自流井组湖相泥质烃源岩是四川盆地两大陆相页岩。上三叠统须家河组沉积中心位于龙门山前的都江堰－彭州地区，由下而上可划分为6段，其中须一、三、五段以辫状河三角洲前缘和浅湖亚相沉积为主，岩性以黑色页岩、页岩为主，夹薄层泥质粉砂岩、煤层或煤线，是须家河组主要烃源层和盖层。须家河组页岩有机质含量整体较高，有机质含量为 0.7%～3.0%，除盆地西北部的广元及东南部的宜宾南溪一带，一般都大于 2.5%，在资中－威远一带，有机质含量可达8.9%。须家河组页岩有机质成熟度总体较高，须三段 R_o 值为0.61%～2.05%，平均为 1.53%，以高成熟阶段为主；须五段R_o 在 0.88%～1.72% 之间，平均值 1.29%，总体处于高成熟阶段。上三叠统泥页岩孔隙度为 0.75%～2.49%，渗透率为0.000347×10^{-3}～$0.003370\times10^{-3}\ \mu m^2$。须家河组富有机质页岩厚度在须三段变化较大，大于 30m 的页岩主要分布在盆地中部遂宁－旺苍一带；而须五段厚度普遍大于 30m，最厚的沉积层主要分布在资阳－遂宁一带，厚度可达 120～160m。须家河组页岩总体埋深为西深东浅，须三段埋深大都超过 2000m，须五段埋深大都超过 2500m。须家河组页岩含气量为 0.84～1.83m³·t⁻¹。总体而言，须家河组页岩有三个有利区，分别是资阳－南充有利区、荥经－邛崃有利区和资阳－遂宁－巴中有利区，各有利区面积、有机质含量、厚度等见表 3－4。

表 3－4　须家河组有利区情况

区块	面积（km²）	有机质含量	R_o	厚度（m）	埋深（m）
资阳—南充	42200	2.0%～8.5%	0.7%～1.9%	30～75	1300～4000
荥经—邛崃	8700	3.0%～4.8%	1.5%～1.7%	30～39	500～3000
资阳—遂宁—巴中	48500	2.00%～5.16%	1.1%～1.7%	30～160	500～3800

（6）自流井组页岩储层特性。

四川盆地自流井组湖相页岩主要发育于东岳庙段和大安寨段。其中，大安寨段有利于深色页岩沉积的环境（浅湖－半深湖－深湖区）分布范围最大，资料也较多。李延钧等（2013）对盆地内发育的自流井组页岩的有机质丰度、类型、成熟度等地球化学特征进行分析发现，该套页岩有机质范围为 $0.716\% \sim 11.700\%$，平均值为 3.460%，为好的烃源岩；有机质类型为 $II_1 - III$ 型，湖盆中心主要为 II_1 型；R_o 值为 $1.05\% \sim 1.82\%$，具有较强的生气能力；页岩厚度为 $40 \sim 150m$，分布面积广；页岩平均孔隙度为 $1\% \sim 5\%$，渗透率主要为 $0.001 \times 10^{-3} \sim 0.100 \times 10^{-3} \mu m^2$，为典型的致密储集层。通过容积法估算，盆地内自流井组湖相页岩气资源量为 $3.8 \times 10^{12} \sim 8.7 \times 10^{12} m^3$。

表 3-5 总结了四川盆地内 6 套有机质页岩的厚度、有机质含量、渗透率等特性。总体而言，四川盆地的 6 套富有机质页岩厚度大，区域分布稳定，有机碳含量高，成熟度高（大部分区域 $R_o > 1\%$），以生气为主，均具有良好的页岩气资源前景。其中，筇竹寺组、五峰组－龙门溪组的有机质含量较高，有机质类型（即干酪根类型）主要为 $I - II_1$ 型，热成熟度较为适中，页岩气开发潜力较高，是四川页岩气最先勘探开发的层系。进一步分析后则发现，五峰组－龙门溪组含气量普遍好于筇竹寺组。这是因为，五峰组－龙门溪组页岩产层上覆较厚的黏土质页岩，塑性好，下伏泥质含量高、稳定性好的宝塔组石灰岩，两者裂缝均不发育，因此自封闭能力强，形成了超压页岩气层；而筇竹寺组上部为裂缝性砂质页岩与石灰岩，下部为风化型白云岩含水层，水动力活跃，气体逸散严重，造成其含气量低（董大忠等，2014）（图3-4）。

表 3-5 四川盆地六套有机页岩储层特性

地层系统	厚度 (m)	有机质含量	有机质类型	R_o（%）	渗透率（mD）
上震旦统陡山沱组	60～400	0.80%～2.89%	Ⅰ—Ⅱ₁型	1.44～2.62	0.361×10⁻³～904.110×10⁻³
下寒武统筇竹寺组	60～400	0.36%～5.20%	Ⅰ—Ⅱ₁型	2～6	4×10⁻³～80×10⁻³
上奥陶统五峰组—下志留统龙马溪组	20～800	0.2%～6.7%	Ⅰ—Ⅱ型	1.5～5.0	0.081×10⁻³～0.341×10⁻³
上二叠统龙潭组	40～300	0.8%～35.7%	Ⅱ—Ⅲ型	1.6～3.0	0.02×10⁻³～30.021×10⁻³
上三叠统须家河组	30～160	0.7%～3.0%	Ⅱ₁—Ⅲ型	0.7～1.9	0.347×10⁻³～3.370×10⁻³
下侏罗统自流井组	40～150	0.72%～11.70%	Ⅱ₁—Ⅲ型	1.05～1.82	1×10⁻³～100×10⁻³

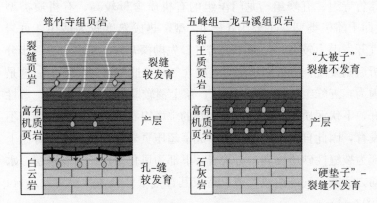

图 3-3 筇竹寺组与五峰组-龙马溪组页岩气保存条件模式图

（引自董大忠等，2014）

3.3　四川页岩气开发中的水环境风险

3.3.1　页岩气开发中水消耗与废水产生情况

　　页岩气钻采工程一般包括钻前作业、钻井作业、完井作业、完井搬迁以及采气作业五个环节。整个页岩气钻采工程短则三五月，长可达数年，尤其是生产阶段，不同页岩气井差异较大（表3-6）。钻前工程主要为井场公路建设、井场建设、配套设施建设等。钻井作业是根据地层的地质情况，利用钻井液辅助进行钻进，直至目的层的过程。这一过程的污水主要来自施工废水和生活废水。钻井工程是页岩气开采工程的核心作业工段之一，也是污染物产生的主要工段之一。国内页岩气钻井通常采用三开钻井工艺。以柴油机为动力，通过钻机、转盘带动钻杆切削地层，将泥浆经钻杆泵向井内注入井筒冲刷井底，同时将切削下的岩屑不断带至地面。整个过程循环进行，使井深不断增加，直至目的层位置。此时的液体污染物主要来自钻井泥浆，即钻井液。钻进过程中使用的泥浆不同，污染物差异会较大。完井作业包括洗井、射孔、压裂、安装采气树、测试放喷等过程。其中洗井和压裂是产生水环境风险的主要环节，尤其是压裂过程。钻井完成后即进入采气作业阶段。在这一阶段，伴随着产气，会带出部分压裂返排阶段未返排的压裂液，以及一些地层水（表3-7）。页岩气钻采工程作业详细流程及各环节的污染物来源见图3-4。

表3-6　页岩气钻采各阶段耗时

工程阶段	钻前工程	钻井工程	完井/压裂	返排	生产（含退役）
耗时（天）	60	15～60	15～30	20	5～40

表 3-7 页岩气开采工程中废水产生情况

作业阶段	污染物类型	主要污染因子
钻前	施工废水	SS、石油类等
	生活污水	COD、氨氮等
钻井	钻井液	Cl⁻、COD、石油类等
完井	洗井废水	Cl⁻、酸、COD、石油类等
	生活污水	COD、氨氮等
	压裂废水	Cl⁻、COD、石油类等
采气	采气废水	Cl⁻、COD、石油类等
	压裂废水	Cl⁻、COD、石油类等
全过程	方井雨水	SS、石油类等

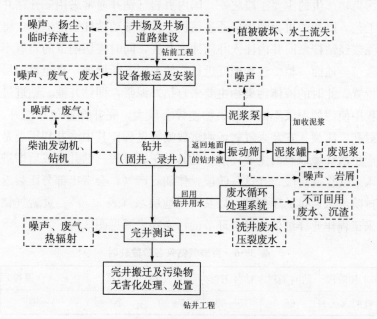

图 3-4 页岩气钻井工艺流程及产污环节

（1）生活污水。

钻采工程各个环节都会产生生活污水。施工期间，施工人员通常采取两种方式安排生活。一种是租住在当地农家或饭店，生活污水由当地农户旱厕收集后用作农肥或依托乡镇生活污水处理系统处理。另一种是在井场外设置活动板房，此时产生的生活污水通常经化粪池处理后交给附近农民用作农肥。根据环保部《排污申报登记实用手册》提供的计算方法，生活用水按照 100L/d·人取最大值，排水系数取 0.9，产生的主要污染物为 COD、生化需氧量（Biochemical Oxygen Demand，BOD_5）、悬浮物（Suspended Solids，SS）、NH_3-N 等。由于产生量小，不外排，且可资源化利用，因此对环境的影响较小。以泸 204 井为例。此井为单口井，钻井队约 40 人，钻前周期约 1 个月，钻井周期约 6 个月，压裂约需 15~20 天，采气期为无人值守站。因此，钻采工程生活用水量约 900~920m³，产生生活污水 810~828m³。由于地理位置、地质情况、作业方式（如单井作业或多井同时作业）等差异导致的作业周期差异，也会影响生活污水的产生。以宁 209H10 平台钻井为例。该平台共有 8 口井，钻前施工周期约 3 个月（施工人员 30 人），钻井周期 5 个月（人员 160 人），压裂周期约 4 个月（人员 80 人），总计 1210 人·月，平均每口井 152 人·月，远小于泸 204 井作业所需，因此单井产生的生活污水也少得多。

（2）钻井废水。

钻井作业中，根据地质情况的不同，会使用不同的钻井工艺以及泥浆配方。钻井泥浆在钻探过程中，被作为孔内循环冲洗介质。钻井泥浆按组成成分可分为清水、泥浆、无黏土相冲洗液、乳状液、泡沫和压缩空气等。泥浆是广泛使用的钻井液，主要适用于松散、裂隙发育、易坍塌掉块、遇水膨胀剥落等孔壁不稳定岩层。钻井液的主要功用：①冷却钻头，清净孔底，带出岩屑；

②润滑钻具；③停钻时悬浮岩屑，保护孔壁防止坍塌，平衡地层
压力，压住高压油气水层；④输送岩心，为孔底动力机传递破碎
孔底岩石需要的动力等。钻井中钻井液的循环程序包括：钻井、
液罐、经泵→地面、管汇→立管→水龙带、水龙头→钻柱内→钻
头→钻柱外环形空间→井口、泥浆（钻井液）槽→钻井液净化设
备→钻井液罐。国内目前使用的钻井工艺主要包括四种：空气钻
井、清水钻井、水基泥浆钻井和油基泥浆钻井（表3-8）。钻井
泥浆进入井底协助钻井作业后，随泥浆返回地面。返回的废弃泥
浆一般经沉淀后，可回收用于新泥浆的配制。

表3-8　各井场页岩气井钻进过程中钻井工艺

井场	泥浆类型				
	导管	一开	二开	三开	四开/三开 水平段
宁209H10	空气	空气	水基泥浆	水基泥浆	油基泥浆
宁209H13、 16	清水	清水	上段清水，下 段水基泥浆	—	油基泥浆
宁209H27	空气	空气	水基泥浆	—	油基泥浆
威202H15	清水	水基泥浆	水基泥浆	油基泥浆	油基泥浆
威206H1	清水	清水	水基泥浆	水基泥浆	水基泥浆
威206H2	清水	清水	水基泥浆	水基泥浆	油基泥浆
泸204	清水	水基泥浆	水基泥浆	水基泥浆	油基泥浆
威页38、39、 40#平台	水基泥浆	水基泥浆	水基泥浆	—	油基泥浆
威页41、42、 43、44、45、 46、47#平台	清水	水基泥浆	水基泥浆	—	油基泥浆

①空气钻井。

空气钻井是以压缩空气既作为循环介质又作为破碎岩石能量

的一种欠平衡钻井技术，它是作用于井底的压力小于该处地层孔隙压力情况下的钻井作业（有利于防止井漏）。空气钻井以空气为工作介质，采用现场压缩增压的方式供给。在现场用空压机将空气压缩后经增压机增压至钻井所需工作压力，经注气管线、立管注入井下，带动钻头切削地层，同时压缩气体返排又将井下岩屑带到地面，通过排砂管线排入随钻处理系统的污水罐内水洗除尘，对返空气体起到水洗降尘的作用。岩屑进入水中由清洁化生产平台的板框压滤脱水，出水循环利用水洗除尘，固相（岩屑）进入储存池，完钻后可通过外运地方砖厂制砖等实现综合利用。此外，压缩空气还有冷却钻头作用。气体钻井具有钻进速度快、井下压力小于底层压力的特点，可有效避免复杂地质段井漏的发生，防止和减少钻井对地层的伤害，减少钻井污染物排放，有利于环境保护。空气钻井工艺流程见图 3-5。

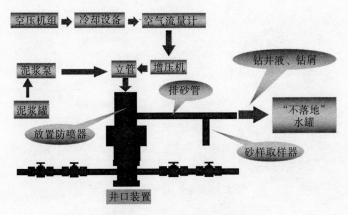

图 3-5　空气钻井工艺流程

在使用空气钻井的过程中，通过钻机、转盘带动钻杆切削地层，并同时向井内注入空气，依靠空气的冲力将岩屑从井底带回地面的排砂管，然后向排砂管内注入清洁水进行洗尘，以降低粉尘排放量。因此，空气钻井过程中的耗水主要用于洗尘，产生的废水中的污染物主要是粉尘以及地层中带来的盐分等。这一技术在宁 209H13 和 209H16 平台井中均被使用。根据原环评报告中的统计，空气钻井阶段每米进尺洗尘水用量为 0.3m³，洗尘水回用率约为 80％，损耗量（主要包括蒸发损耗和岩屑中带走的部分）约为 20％。宁 209H13（9 口井）和 209H16 平台（7 口井）空气钻井段深度均为 1130m，总耗水量为 1088m³（表 3-9）。由于废水均用于其他井的空气钻井或用于水基泥浆的配制，因此并未产生外排废水。

表 3－9　宁 209H13、209H16 平台空气钻气井耗水表

井场	单井号	总用水量 （m³）	新鲜用水 量（m³）	回用水量 （m³）	耗水量 （m³）	废水产生 量（m³）	废水去向
宁 209H13－A 井场	H13－1	339	339	0	68	271	H13－1、后 3－2 洗尘
宁 209H13－A 井场	H13－3	339	339	0	68	271	
宁 209H13－A 井场	H13－2	339	68	271	68	271	配制水基泥浆
宁 209H13－A 井场	H13－4	339	68	271	68	271	
宁 209H13－B 井场	H13－5	339	339	0	68	271	H13－6 洗尘
宁 209H13－B 井场	H13－6	339	68	271	68	271	H13－7 洗尘
宁 209H13－B 井场	H13－7	339	68	271	68	271	H13－8 洗尘
宁 209H13－B 井场	H13－8	339	68	271	68	271	H13－9 洗尘
宁 209H13－B 井场	H13－9	339	68	271	68	271	配制水基泥浆
宁 209H16－A 井场	H16－1	339	339	0	68	271	H16－4、H16－5 洗尘
宁 209H16－A 井场	H16－3	339	339	0	68	271	
宁 209H16－A 井场	H16－2	339	68	271	68	271	配制水基泥浆
宁 209H16－A 井场	H16－4	339	68	271	68	271	
宁 209H16－B 井场	H16－5	339	339	0	68	271	H16－6 洗尘
宁 209H16－B 井场	H16－6	339	68	271	68	271	H16－7 洗尘
宁 209H16－B 井场	H16－7	339	68	271	68	271	配制水基泥浆

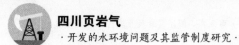

②清水钻井。

为了防止钻井液污染地下水，表层（导管段）钻进常采用清水钻。清水钻井深度应大于项目周边水井井深。以泸204井为例，项目周边水井井深低于15m，工程清水钻井深度50m。清水钻井液的主要成分为水、膨胀土、碳酸钠。根据威远地区已完井页岩气井的情况，清水钻井过程平均每米进尺用水约0.4m³，总耗水量为20m³。清水钻井产生的废液经过筛、沉淀后，可继续用于清水钻井，也可用于配制其他钻井泥浆。清水钻井产生的废水水质见表3-10。

表3-10　清水钻井产生的废水水质情况

指标	pH	SS（mg/L）	石油类（mg/L）	COD（mg/L）
值	6.5~8.0	≤2000	≤5	≤800

③水基泥浆钻井。

水基泥浆，又称水基钻井液，由清水、增稠剂、抑制剂、防塌剂、堵塞剂、碱度调节剂、杀菌剂、加重剂等组成。与油基泥浆相比，水基泥浆更加环保，它的主要成分为水和膨润土，不含重金属，成分较为简单，处置方式较为容易，而且成本较低。实际钻井过程中，根据钻井深度、泥浆比重要求、地质等实际情况，会对水基泥浆的配方做相应调整。主要使用的水基泥浆包括淡水泥浆、盐水泥浆、钙处理泥浆、低固相泥浆、混油泥浆等几大类。四川地区常用的水基泥浆为聚合物泥浆、高性能水基泥浆等（表3-11）。

根据原环评对钻井过程的调查，水基钻井液钻井阶段，平均每钻1m用水量为0.4~0.5m³，钻井阶段水量损耗约为20%（主要为蒸发以及钻井岩屑和报废泥浆中带走的部分）。以宁209H13平台井为例，水基钻井液钻井长度均为1168m，则总耗水约1146m³（表3-12）。

表 3-11　四川页岩气开发中使用的几种水基泥浆的成分

井场	水基泥浆类型	主要成分
威页 41	钾基聚合物泥浆	水、两性离子聚合物包被剂、两性离子聚合物降黏剂、水解聚丙烯腈钾盐、甲酸钾、重晶石等
	钾基聚磺泥浆	磺化褐煤、磺化酚醛树脂、抗温抗饱和盐润滑剂、改性沥青防塌剂、碳酸钙、重晶石等
威 202H8	聚合物泥浆	水、井浆、膨润土、碳酸钠、聚丙烯酸钾、聚丙烯酰胺、羧甲基纤维素钠
威 202H13	CQH-M1 高性能水基钻井液	预水化土浆、抗高温降滤失剂、表面活性剂、聚合醇、抗高温水基润滑剂、抗磨剂、沥青、超细刚性颗粒、精细纤维、无机盐、有机盐
泸 204	聚合物泥浆	预水化土浆、抗高温降滤失剂、表面活性剂、聚合醇、抗高温水基润滑剂、抗磨剂、沥青、超细刚性颗粒、精细纤维、无机盐、有机盐和重晶石等
	聚磺泥浆	磺化褐煤、磺化拷胶、磺化酚醛树脂
自 201H5	聚合物泥浆	预水化土浆、抗高温降滤失剂、表面活性剂、聚合醇、抗高温水基润滑剂、抗磨剂、沥青、超细刚性颗粒、精细纤维、无机盐、有机盐和重晶石等
宁 209H13	聚合物无固相泥浆	淡水、50%～70%高黏膨润土井浆、0.08%～0.15% FA367、0.08%～0.15%KPAM、0.8%～1.5%CMS、0.3%～0.5%CaO、加重剂

表 3-12　宁 209H13 水基钻井耗水与废水产生情况

井场	单井号	总用水量 (m³)	新鲜用水量 (m³)	回用水量 (m³)	耗水量 (m³)	废水产生量 (m³)	废水去向
宁 209H13－A 井场	H13－1	467	196	271	93	374	H13－2、H13－4 水基泥浆钻井
宁 209H13－A 井场	H13－3	467	196	271	93	374	
宁 209H13－A 井场	H13－2	467	93	374	93	374	压裂液配制
宁 209H13－A 井场	H13－4	467	93	374	93	374	
宁 209H13－B 井场	H13－5	467	196	271	93	374	H13－6 钻井
宁 209H13－B 井场	H13－6	467	93	374	93	374	H13－7 钻井
宁 209H13－B 井场	H13－7	467	93	374	93	374	H13－8 钻井
宁 209H13－B 井场	H13－8	467	93	374	93	374	H13－9 钻井
宁 209H13－B 井场	H13－9	467	93	374	93	374	压裂液配制

　　水基泥浆钻井过程中产生的废水进入钻井泥浆循环利用系统
被再利用，最终不能利用的部分一般经"不落地"处理后，暂存
于集污灌，最后与其他不能利用废液一起处理。水基泥浆钻井废
水水质见表 3-13。

表 3-13　水基钻井产生的废水水质情况

指标	pH	SS（mg/L）	石油类（mg/L）	COD（mg/L）
值	7.5～9	≤2500	≤70	≤5000

　　④油基泥浆钻井。

　　油基泥浆，又称油基钻井液，其基本组成是油、水、有机黏
土和油溶性化学处理剂。典型的油基泥浆钻井液含有 54% 的柴
油、30% 的水、9% 的高密度固体、4% 的 $CaCl_2$ 或 NaCl，以及
3% 的低密度固体（图 3-6）。由于油基泥浆具有抗高温、抗盐
钙侵蚀、有利于井壁稳定、润滑性好、对油气层损害小等优点，
因此国内页岩气水平段钻井阶段一般都使用油基泥浆钻井。国内
传统的油基泥浆钻井液主要以柴油为油基。根据国内岩层特点，
目前已开发了多款替代油基泥浆（见表 3-14）。四川地区现阶
段主要采用的是白油油基泥浆，常用配方见表 3-15。

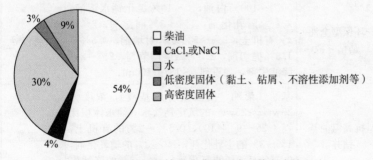

图 3-6　油基泥浆钻井液典型组成（体积占比）

表 3-14　国内研发的几种油基泥浆配方

油基泥浆类型	油基泥浆成分	发明人
低密度油基钻井液	90％油（白油、柴油），1％～5％的有机土，2％～5％的增黏剂，1％～4％的发泡剂，0.2％～2％的稳泡剂	何秀娟等
高温高密度无土油基钻井液	基础油（3号白油或5号白油），质量浓度为20％～35％的氯化钙水溶液（油水相体积比为60:40～95:5），主乳化剂，辅乳化剂，润湿剂，碱度调节剂，增黏提切剂，降滤失剂，加重剂，密度调节剂	耿铁等
高温高密度油基钻井液	0♯柴油240份，主乳化剂2～4份，辅乳化剂1.5～2.5份，降滤失剂2～4份，有机土1～1.5份，提切剂2～4份，润湿剂1～2份，25％氯化钙水溶液60份，碱度调节剂2份，重晶石粉0～783份	周研等
高性能油基钻井液	60％～90％基础油（柴油、白油、液体石蜡或白油液体石蜡的混合物），10％～40％水（0～20wt％ $CaCl_2$、$MgCl_2$ 或 NaCl 的水溶液），2％～5％有机土，0.5％～5.0％脂肪醇聚氧乙烯聚氧丙烯醚磺酸盐乳化剂，0.5％～3.0％pH调节剂，0.5％～3.0％增黏剂，0.5％～3.0％降滤失剂	沈之芹等
环保型全油基钻井液	90％～100％白油，0～10％氯化钙水溶液，2％～4％乳化剂，1％～3％润湿剂，2％～4％有机土，3％～5％复合封堵剂，0.5％～1.5％提切剂，2.5％碱度调节剂，2％～3％降滤失剂，加重剂0～137g/100mL	王茂仁等
抗高温油基钻井液	基油（柴油、白油或合成基液），浓度为25wt％～35wt％的氯化钙盐水（油水体积比75:25～90:10），0.5％～2％的有机土，1％～3％的主乳化剂，1％～3％的辅乳化剂，0.5％～1.0％的氧化钙，1％～3％的降滤失剂，4％～38％的加重剂	唐燕等

续表3-14

油基泥浆类型	油基泥浆成分	发明人
无土相油基钻井液	基础油50%~85%（气制油、柴油或白油），$CaCl_2$盐水5%~30%（基础油与$CaCl_2$盐水的质量比70∶30~90∶10），复合型乳化剂G326-HEM 1%~4%，降滤失剂G328 1%~5%，碱度调节剂2%，增黏剂0.5%~3.0%，提切剂0.2%~2.0%，其余为重晶石	王京光等

表3-15 四川地区页岩气开采使用的几种白油油基泥浆钻井液

井场	主要成分	建设单位
自204	白油，3%~6%主乳化剂，2%~5%辅乳化剂，2%~3%润湿剂，1%~2%生石灰，20%~30%氯化钙溶液，4%~5%降滤失剂，2%~6%封堵剂，1%~2%流型调节剂，适量的加重剂	四川页岩气勘探开发有限责任公司
宁209H13、16	白油，3%~5%有机土，4%~5%主乳化剂，3%~4%辅乳化剂，2%~3%润湿剂，1%~2%生石灰，氯化钙溶液（20%~30%），4%~5%降滤失剂，3%~5%封堵剂，1%~2%流型调节剂，适量的加重剂	四川长宁天然气开发有限责任公司
威页38	85%~90%柴油，15%~10%盐水（25%~35%氯化钙），1%~2%有机土，2%~3%石灰，1%~3%主乳化剂，1%~3%辅乳化剂，1%~2%润湿剂，0.1%~0.2%提切剂，3%~4%降滤失剂，2%~4%复合封堵剂，加重剂	中国石油化工股份有限公司西南油气分公司页岩气项目部

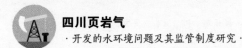

四川页岩气
·开发的水环境问题及其监管制度研究·

续表3—15

井场	主要成分	建设单位
威202H14	白油、有机土、主乳化剂、润湿剂、降滤失剂、封堵剂、加重剂	中国石油集团川庆钻探工程有限公司页岩气勘探开发项目经理部
威202H8	白油、乳化剂、提黏剂、重晶石	中国石油集团长城钻探工程有限公司四川页岩气项目部
威206H2	白油、乳化剂、提黏剂、重晶石	中国石油天然气股份有限公司西南威远东页岩气作业分公司
泸204	白油、有机土、主乳化剂、副乳化剂、润湿剂、生石灰、氯化钙溶液、降滤失剂、封堵剂、调节剂、加重剂	中国石油天然气股份有限公司西南油气田分公司蜀南气矿

孙举等2015年对焦石坝地区33口井进行油基钻井试验和应用，33口井平均油基钻井用量425m³，钻井液回收率为48.2％。根据环评报告数据，四川地区单井水平段钻井油基泥浆用量高于孙举等得出的数据，在540～1000m³之间（表3—16）。按油基钻井液典型组成中的30％含水量计算，单井用水量为165～300m³。油基钻井废弃物包括岩屑和废油两部分。废弃物一般在现场经处理后，回收大部分废油，然后将岩屑移交具有资质的单位进行资源再利用或危废处理。油基钻井产污环节及泥浆回收工艺、去向见图3—6、图3—7。

表3—16 四川地区单井油基钻井液设计用量

井场	单井油基钻井液消耗（m³）	水平段井深（m）
威202H10	960	1500

续表 3-16

井场	单井油基钻井液消耗（m³）	水平段井深（m）
威 202H11	864	1800
威 202H12	852	1800
宁 209H13	544	2262
宁 209H16	552	2828
自 201H7	852	1700~2100

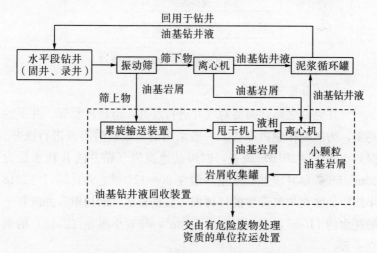

图 3-6 油基钻井阶段作业流程及产污节点

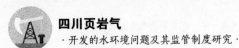

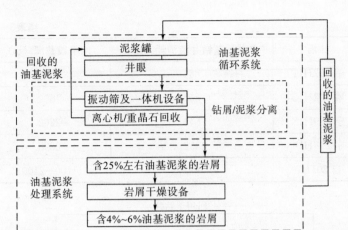

图3-7　油基泥浆现场回收工艺流程

（3）洗井废水。

气井完钻之后，需要对气井进行洗井，清理出套管、井下的泥浆，为压裂作业做准备。一般采用清水或盐酸溶液进行洗井。据刘小丽等（2016）调查，四川盆地页岩气钻井洗井耗水量为30m³/km，单井洗井耗水量一般在 90～120m³ 之间。2017—2018年四川地区页岩气开发的环评报告数据显示，四川单口井洗井一般耗水约 110m³，产生废水约 100m³，与刘小丽等（2016）的调查一致。

洗井废水从井口返排，大部分进入废水罐或集液池中，少部分在测试放喷的时候，进入放喷池内。洗井废水经处理后可用于钻井液或压裂液配制，不能回用的部分可运往回注井回注。洗井废水水质见表3-17。

表3-17　洗井废水水质

指标	pH	SS（mg/L）	石油类（mg/L）	COD（mg/L）
值	6.5～8.0	≤2500	≤80	≤4500

（4）压裂废水。

由于页岩渗透率低，为了保证页岩气的产量，在射孔作业后，需要实施储层压裂改造，才能将页岩气开采出来。

压裂是利用地面压裂车组，将压裂液以高压大排量沿井孔注入井中。由于注入速度远远大于油气层的吸收速度，所以多余的液体在井底憋起高压，当压力超过岩石抗张强度后，油气层开始破裂形成裂缝。当裂缝延伸一段时间后，注入携带有支撑剂的混砂液扩展延伸裂缝，并使之充填支撑剂。施工完成后，由于支撑剂的支撑作用，裂缝不致闭合或不完全闭合，至此便在油气层中形成了一条具有足够长度、宽度和高度的填砂裂缝。此裂缝具有很高的渗滤能力，并且扩大了油气水的渗滤面积，故油气可畅流入井，注入水又可沿裂缝顺利进入地层，从而达到增产增注的目的（图3-8）。

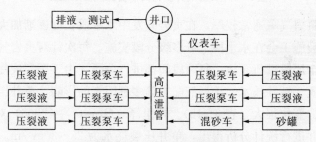

图3-8　压裂作业示意图

压裂作业是页岩气开发成功的关键，同时也是环境保护中最受争议的焦点，其原因有三：①压裂过程中短时间消耗大量的水；②压裂液成分复杂，含有有毒难降解成分；③压裂对地层的改造，可能引发地质问题或加剧压裂液渗漏。压裂具体风险环节见图3-9。

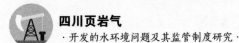

1—压裂液和返排液运输、储集中渗漏造成水污染；

2—生产废水排放造成水土污染；3—井套管泄漏污染浅层地下水；

4—天然气和地层水从页岩储集层直接运移造成地下水污染；

5—回注井泄漏

图3-9 页岩气开发相关水资源风险示意图

页岩气藏通常较厚，在页岩开发中水平段长度逐渐加大，水力压裂施工会在水平段上分多级分段实施，每次针对页岩气储层的一个层段进行泵注，每两段间都进行分隔。由于压裂液使用量受地质、钻井技术、压裂液配方等多种因素的影响，单井压裂耗水量的变化很大（表3-18）。格里泽（Grieser）（2006）对400口钻井进行统计分析得出，单井压裂耗水为25~30m³/m。根据环评报告的数据，若按100m一段进行水平压裂，目前国内页岩气开发水力压裂多达15~20段，每段压裂液用量为1500~2000m³，单井压裂液用量超过2万m³，但合理的回用可大大降低最终的废水产生（表3-19）。由于压裂液的主要成分是水和砂，约占整个压裂液的99%，剩余约1%是化学添加剂。因此，压裂过程中要消耗大量的水。此外，由于单井压裂时间一般为15~20天，会对当地水资源造成较大压力，尤其是在多井同时压裂时。

表3-18　国外几个页岩气区块压裂耗水情况

页岩区块	压裂耗水量（m³）	数据来源
马塞勒斯	1135~34000	亚瑟（Arthur）等（2010）
巴奈特	4500~13250	邓肯（Duncan）（2010）
尤蒂卡	12000	奎斯特雷能源公司（Questerre Energy）（2010）

［引自博尼霍利（Bonijoly）等，2011］

表3-19　国内页岩气水平压裂耗水情况

井场	所属区块	单井平均压裂用水量（m³）	返排量（m³）	回用量（m³）	废水产生量（m³）
YS117H1	富顺—永川	27000.0	4050.0	3037.5	1012.5
威202H5	威远	30000	6900	6762	138
宁209H13	长宁	23156	4631	4050	581
威页38	威远	59618	5962	3902	2060

注：数据由环评报告整理而来

　　页岩储层开发中各钻井压裂液的成分各不相同，一般都是现场根据具体情况调配。总体而言，根据配置材料和液体性状的不同，可将压裂液分为4类：油基压裂液、水基压裂液、泡沫压裂液、清洁压裂液（表3-20）。其中水基压裂液由于成本较低、综合性能好，适用于多数储层的改造，是国内外使用最广泛的压裂液体系。根据环评报告统计，四川地区主要使用的压裂液是清洁压裂液、减阻水和活性液混合液体系（表3-21）。

四川页岩气

·开发的水环境问题及其监管制度研究·

表 3-20　主要压裂液类型及其特点

压裂液类型	分散介质	其他成分	优点	缺点
油基压裂液	油类	稠化剂等	配伍性好，摩阻小，易返排，造缝能力强，携砂量大	成本高，难处理，耐温性弱
水基压裂液	水	稠化剂、交联剂、破胶剂等	污染小，成本较低，综合性能好	需加添加剂，减少储层伤害
泡沫压裂液	气体	液相、表面活性剂及其他添加剂	易返排，携砂性能好，滤失量小，摩阻损失小	流变特性不能精确测量，现场质量控制和压力分析比较困难
清洁压裂液	盐水	表面活性剂等（无须交联剂、破胶剂等添加剂）	污染小，配伍性好，携砂能力强，易泵送，不会造成地层伤害，压裂效果好小	成本高，耐高温性能低，在高渗透地层中压裂效率不高

注：数据由环评报告整理而来

表 3-21　四川地区页岩气开发使用的压裂液体系

压裂液体系	主要成分	使用井场
清洁压裂液	清水、盐酸、陶粒砂、降阻剂、线性胶、助排剂、杀菌剂等	泸204、YS117H1 等
减阻水和活性液混合液	盐酸、减阻水、活性水、其他成分	威页38、宁209H13 等

注：数据由环评报告整理而来

　　压入地层的压裂液在压裂结束后，一部分会停留在裂缝中，一部分滤失进入页岩基岩，还有一部分则会在压力差下从井底返排出来。压裂液的返排周期较长，可长达几年甚至数十年。压裂返排周期主要分两个阶段：第一阶段是在压裂作业完成后至试（气）油期间，返排时间短，日返排量大；第二阶段是生产阶段，这一阶段返排出来的压裂液产水量逐渐减少，但返排周期较长。由于地质条件、地层含水率、压裂技术等的差异，不同区块，甚至同一区块不同井场或不同单井之间，压裂液返排率差异往往较大。如美国巴奈特页岩较"湿"，而马塞勒斯页岩较"干"，因此巴奈特页岩返排率高于马塞勒斯（表3-22）。

表3-22 美国页岩气开发返排液排放情况

地区	压裂液（m³）	返排液（前10天）（m³）	返排液（10天以后）（m³）	返排率（％）
巴奈特	14383	2271	44398	324
海恩斯维尔	20817	946	16938	86
费耶特维尔	15897	1893	3709	35
马塞勒斯	20817	1893	2650	22

（引自史聆聆等，2015）

据统计，北美地区压裂液返排率在10％～75％之间，而川西地区大部分水平井返排率介于50％～80％，大部分低于80％（图3-10）。而第一阶段返排的压裂液仅为少部分，根据长宁、昭通区块已实施页岩气井的数据，该区域页岩气井第一阶段返排率约为20％（表3-23）。本书中所指压裂废水即为第一阶段返排得到的废水，而第二阶段的返排液被记入采气废水中。

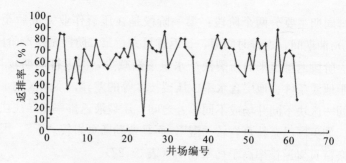

图 3-10　2012 年川西地区水平井压裂后返排率情况

（引自周向东等，2015）

表 3-23　不同页岩气井压裂液返排情况

井场编号	气井类型	压裂液总使用体积（bbls）	累积返排体积（bbls）				返排率（%）
			1 天	5 天	14 天	90 天	
A	垂直井	40046	3950	10456	15023	—	37.5
B	垂直井	94216	1095	10782	13718	17890	19.0
C	水平井	146226	3308	9652	15991	—	10.9
D	水平井	21144	2854	8077	9938	11185	52.9
E	水平井	53500	8560	20330	24610	25680	48.0
F	水平井	77995	3272	10830	12331	17413	22.3
G	水平井	123921	1219	7493	12471	18677	15.1
H	垂直井	36035	3988	16369	21282	31735	88.0
K	水平井	70774	5751	8016	9473	—	13.4
M	水平井	99195	16419	17935	19723	—	19.9
N	垂直井	11435	2432	2759	3043	3535	30.9
O	水平井	96706	5131	19202		—	19.8
Q	垂直井	23593	1315	3577	5090	—	21.6

井场编号	气井类型	压裂液总使用体积（bbls）	累积返排体积（bbls）				返排率（%）
			1 天	5 天	14 天	90 天	
S	垂直井	16460	2094	7832	9345	10723	65.1
平均返排率							24.3

注：数据来自海耶斯（Hayes）（2009），1bbls=0.158987m³

返排液的水质受压裂液成分和地层特点的影响，压裂液不同、区域不同，返排液水质也存在一定的差异。总的来看，页岩气开发的压裂返排液具两高特征：高盐、高 COD。史聆聆等（2015）对美国丹佛－朱尔斯堡（Denver－Julesburg，DJ）盆地和我国几个地区页岩气开采返排液的水质情况做了比较，结果显示返排液的 TDS、COD、BOD_5、氯化物含量均很高，且存在部分重金属超标（表 3-24）。对比四川地区的数据，同样具有这样的特征（表 3-25）。

表 3-24 国内外返排液水质比较

指标	单位	Denver-Julesburg（DJ）盆地	国内 1#	国内 2#	国内 3#	地表水Ⅲ类标准	地下水Ⅲ类标准
pH	无	6.80	7.53	6.74	7.62	6.00～9.00	6.50～8.50
TDS	mg/L	22500	11900	12200	9700	—	≤1000
COD	mg/L	1218	45700	2840	166	20	—
BOD5	mg/L	1100.0	10000.0	960.0	25.8	4.0	—
石油类	mg/L	59.00	57.90	8.49	未检出	0.05	—
氨氮	mg/L	24.70	54.30	35.30	22.00	1.00	≤0.02
氯化物	mg/L	13600	6250	5490	5080	—	≤250
溴化物	mg/L	87.2	21.6	29.6	32.1	—	—
硫酸盐	mg/L	1.3	57.8	201.0	43.4	0.2	≤250.0
酚类	mg/L	1.400	0.340	0.100	未检出	0.005（挥发酚）	≤0.002（挥发酚）

续表3-24

指标	单位	Denver-Julesburg (DJ) 盆地	国内 1#	国内 2#	国内 3#	地表水Ⅲ类标准	地下水Ⅲ类标准
As	mg/L	0.0670	0.0110	0.0053	0.0180	0.0500	≤0.0500
B	mg/L	3.105	7.120	67.500	13.900	—	—
Ba	mg/L	8.542	15.100	4.910	15.500	—	≤1.000
Ca	mg/L	524.1	859.0	324.0	143.0	—	≤450.0 ($CaCO_3$)
Cr	mg/L	0.058	未检出	未检出	未检出	0.050 (Cr^{6+})	≤0.050 (Cr^{6+})
Cu	mg/L	0.288	0.010	未检出	未检出	1.000	≤1.000
Fe	mg/L	81.42	12.80	70.80	7.41	—	≤0.30
Mg	mg/L	106.4	16.3	59.3	18.1	—	—
Mn	mg/L	1.471	0.759	1.300	2.110	—	≤0.100
Na	mg/L	6943.9	3880.0	3350.0	3660.0	—	—
Sr	mg/L	60.25	18.30	47.70	14.70	—	—
Zn	mg/L	0.051	未检出	0.233	未检出	1.000	≤1.000

（引自史聆聆等，2015）

表3-25　长宁-威远地区页岩气返排液成分分析表

指标	单位	威远地区	长宁地区
PH	无	6.0~7.5	6.5~7.8
COD	mg/L	521~1130	235~897
氯化物	mg/L	5290~10600	6500~11600
TDS	mg/L	9650~26800	11300~20755
K	mg/L	83~164	177~449
Na	mg/L	2840~6780	3900~9980
Ca	mg/L	379~398	71~438
Mg	mg/L	290~340	22~310
Ba	mg/L	35~40	24~36
Sr	mg/L	3~24	20~96

指标	单位	威远地区	长宁地区
总铁	mg/L	38～60	10～40
硫酸盐	mg/L	6～48	2～60

（引自何启平等，2016）

　　TDS 表征的是返排液中盐离子的含量。返排液中的盐分一部分来自压裂液，一部分来自地层溶解，并且随着返排时间的增加，从地层溶解的盐分不断增加。因此，随着返排时间的增加，返排液中的盐离子浓度会持续增加，即表现为 TDS 逐渐升高（图 3－11）。

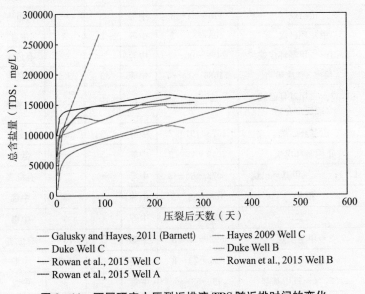

　　—— Galusky and Hayes, 2011 (Barnett)　—— Hayes 2009 Well C
　　—— Duke Well C　—— Duke Well B
　　—— Rowan et al., 2015 Well C　—— Rowan et al., 2015 Well B
　　—— Rowan et al., 2015 Well A

图 3－11　不同研究中压裂返排液 TDS 随返排时间的变化

［引自康达什（Kondash）等，2017］

　　压裂返排液中 COD 含量表征了其含有的有机物的含量。有机物主要来自压裂液。目前在压裂液和返排液中检测出的有机物

已超过 80 种。高振兴（2017）通过现场取样分析和查阅国内外相关文献确定了 75 种具有代表性的返排液有机物，通过评价发现，在这些有机物中，有 18 种由于迁移能力较强，且有不同程度的毒害，因此存在较大环境污染风险（表 3－26）。

表 3－26　返排液有机物的危害性

名称	CAS 号	淋溶迁移性	WGK 等级[a]	Hazard Class[b]	分级
2－甲基－1 丁烯	563－46－2	强	3	3	有危害
2－甲基－2－丁烯	513－35－9	强	3	3	有危害
1，1－环丙二甲醇	1630－94－0	强	3	3	有危害
苄基碘	620－05－3	中等	—	6.1	中毒
正己烷	110－54－3	中等	3	—	有危害
甲基环己烷	108－87－2	中等	2	3	中毒
1，3－二甲基环戊烷	2453－00－1	中等	—	—	有危害
反－3－庚烯	14686－14－7	中等	3	3.1	有危害
1，3－二甲基环己烷（顺反混合）	591－21－9	中等	3	3	刺激性
乙基环己烷	1678－91－7	中等	3	3.1	有危害
正丙基环戊烷	2040－96－2	中等	3	—	低毒
1，1，3－三甲基环己烷	3073－66－3	中等	—	3.1	有危害
甲苯	108－88－3	中等	2	3	中毒
乙苯	100－41－4	中等	1	3	中毒
2－甲基庚烷	592－27－8	中等	2	3	有危害
联三甲苯	526－73－8	中等	3	3.2	中毒
1，2，4－三甲基苯	95－63－6	中等	2	3	中毒
1，2，4，5－四甲苯	95－93－2	中等	1	4.1	中毒

注：来源于高振兴（2017）；a. 水危害分级（Water hazard class），通常分为三级，3－高危害（high water hazard），2－危害（water hazard），1－低危害（low water hazard）；b. 参照危险化学品分类

压裂返排后，从井口返排出来的压裂液经压裂撬装过滤装置过滤后由压裂储备罐进行收集，在储备罐中经沉淀后，上层清液通过添加新鲜水配制成新的压裂液，而不能回用的压裂液（即压裂废水）则储存在废液池，经晒干后，固体部分与其他固废一起填埋，或者将收集的压裂废液直接运往回注井进行回注（图 3－12）。处理后的压裂液需要达到一定的水质要求，才能用于回用，通常要求总矿化度不高于 30000mg/L，总硬度不超过 700mg/L（表 3－27）。

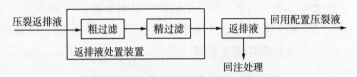

图 3－12　压裂过程中压裂废水处理流程

表 3－27　压裂液回用水质要求

指标	指标要求
总矿化度（mg/L）	≤30000
总硬度（mg/L）	≤700
总铁（mg/L）	≤30
pH	6～9
悬浮固体含量（mg/L）	≤3000
结垢趋势	不结垢
配伍性	无沉淀，无絮凝
硫酸盐杆菌（SRB）（个/mL）	≤25
腐生菌（FB）（个/mL）	≤10^4
铁菌（TGB）（个/mL）	≤10^4

（5）采气废水。

采气废水是指油气井生产过程中排至地面的污水，包括这一阶段排出的压裂返排液和地层水。采气废水在某些文献中又被称为"产出水"。产出水通常指伴随着油气产出而带出的水。在没有工业注水（液）的情况下，产出水主要决定于地质构造和地理位置。与常规油气不同，页岩层含水量少，而且页岩开采中使用大量的压裂液，因此，页岩气开采中习惯按时间阶段，将完井阶段返排的液体称作返排液，而将生产阶段返排的液体称为"产出水"或"采出水"（在一些环评报告中又被称作"气田水"）（表3-28）。压裂返排液与采气废水不论在产生时间周期、返排率，还是化学成分上都有较大差异（表3-29）。

表3-28 与采气废水相关的概念的含义

概念	含义	来源
采出水	从地下采出的含水原油称"采出液"；经电脱水，分离出来的水称为"油田采出水"	邓述波等，2000
	返排液和产出水	陆争光等，2015
	页岩气气井采出水是钻井结束后，随页岩气生产过程而排至地面的污水，包括返排液和产出水	刘占孟等，2017
	页岩气采出水是指页岩气水力压裂过程中产生的一种高含盐废水	Jang等，2017
	在生产期，压裂后残留在地下的压裂液和地层水随页岩气带到地面的产出水	吴磊，2018

概念	含义	来源
产出水	气井产出水包括气藏外部水、气藏内部水以及在钻井和开发过程中的工业用水	张丽囡等，1993
	返排结束后正常生产期间气井工业气流分离后所产生的污水	刘占孟等，2017
	主要来源于压裂液和页岩气地层	金艳等，2017

表 3-29　压裂返排液和采出水理化指标比较

参数	压裂返排液	采气废水
返排率	高（10%～30%压裂液返排）	低 $[1.6 \sim 16.0 m^3/d \cdot$ 井]
持续时间	短，1～2周	长，整个生产期
TDS	初始含盐量低（为压裂返排液盐含量），后逐渐升高至地层水盐含量	高（取决于该地区地层水盐含量）
有机高分子含量	高（压裂液化学组分及剩余产物）	可测得
表面活性剂含量	高（取决于压裂液中浓度）	稳定（添加发泡剂后）
凝胶含量	可测得	稳定（取决于凝胶过程）
沙含量	非常高	较低
其他固体含量	高	取决于地下腐蚀程度

（引自宋磊等，2014）

　　虽然页岩气的采气废水与压裂废水均主要来源于压裂返排液，但是两者相比较，采气废水具有返排周期更长、受地层影响更大，以及含盐量更高等特征。采气废水经过站内分离器分离，并处理后，可用于配制压裂液，不能回用的则一般运往回注井回注。近年来西部地区对回注的要求提高，云南、贵州、重庆等地区均不认可页岩气废水回注的处理方式。虽然四川未禁止回注（回注水质标准见表3-30），但2018年四川长宁天然气开发有限责任公司报送的《长宁页岩气田年产50亿立方米开发方案建设项目环评》也被要求将"压裂返排液回注处理"修改为"压裂返排液处理达标排放"，因此，进行脱盐处理后达标排放将是西部地区采气废水未来的最终处理方式。

表3-30　气田水回注推荐水质指标

指标	回注要求	
悬浮固体含量（mg/L）	$K>0.2\mu m^2$	<25
	$K>0.2\mu m^2$	<15
悬浮物颗粒直径中值（μm）	$K>0.2\mu m^2$	<10
	$K>0.2\mu m^2$	≤8
含油（mg/L）	<30	
pH	6~9	

注：数据来自《气田水回注方法》（SY/T 6596—2004），K 为渗透率

3.3.2　四川页岩气开发对四川水资源的影响

阿列曼（Alleman）（2011）对美国巴奈特等四个地区页岩气开发耗水环节进行分析后指出，压裂耗水占了整个开发过程耗水的80%以上（表3-31）。而从上文分析可知，四川地区页岩气开发耗水环节也主要集中在压裂过程中。四川页岩气开发中的主要用水环节包括钻井、洗井、压裂三个环节。钻井阶段根据具体情况，耗水为700~1500m³/井。压裂耗水，四川地区一般超过20000m³/井。洗井耗水较少，一般约为100m³/井。从耗水总量来看，尽管页岩气开发耗水总量较大，但四川水资源总量丰

富，因此页岩气开发耗水在四川总水资源消耗中的占比并不高。以四川 2016 年水资源消耗情况为例，2016 年耗水总量 267.25 亿 m^3。根据四川省页岩气产业发展 2016 年度实施计划，该年计划完成 87 口页岩气井，每口井耗水量按 30000m^3 计算，则需消耗 0.0261 亿 m^3，占总耗水量的 0.01%（表 3-32）。因此，从总量上看，页岩气开发对四川水资源并不构成威胁。余（Yu）（2015）评估了四川盆地页岩气发展对水资源的影响，也得出：四川和重庆地区页岩气开发的耗水量占整个区域水资源量的比例较小。但是，考虑到水资源分布在区域内部的不平衡，因此应具体分析各区块页岩气开发对水资源的影响。

表 3-31　美国页岩气开发单井耗水情况

页岩盆地	钻井用水（m^3）	压裂用水（m^3）	合计（m^3）	压裂耗水占比
巴奈特	946.35	14384.56	15330.91	93.83%
费耶特维尔	2460.52	18548.52	21009.04	88.29%
海恩斯维尔	2460.52	18927.06	21387.58	88.50%
马塞勒斯	321.76	20819.76	21141.52	98.48%

（引自阿列曼，2011）

表 3-32　页岩气开发耗水对四川水资源消耗中的影响

项目	耗水量（亿 m^3）
生活用水	49.81
工业用水	55.83
农业用水	155.86
人工生态环境补水	5.75
合计	267.25

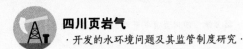

四川页岩气

·开发的水环境问题及其监管制度研究·

续表3—32

项目	耗水量（亿 m³）
页岩气勘探开发耗水	0.0261
页岩气/总耗水量	0.01％

注：表中生活、工业、农业用水、人工生态环境补水数据来自2016年四川省水资源公报

此外，虽然与地区总水资源量相比，页岩气开发耗水占比很小，但由于页岩气开发中，耗水的主要环节在压裂，因此压裂用水时间分布特征，直接决定了页岩气开发对水资源的影响。根据上文总结，四川页岩气压裂作业过程一般需 15～25 天，按 30000m³ 计算压裂耗水量，则每日用水量为 1200～2000m³。四川页岩气开发取水河流主要为大寨河、南广河、威远河等（表3—33）。

表3—33　四川各页岩气井场用水来源

井场	用水来源
YS117H1 丛式水平井组	大寨河
YSL308 生产井组	镇舟河、巡司河
泸 204 井区	转拐沱水库出河道
宁 209 井区	南广河、邓家河等
威 202H8	威远河
威页 38、39♯平台	新店镇自来水厂
威页 41、43、44，45、46，47♯平台	威远河

由于除了供水，河流还有输沙、净化以及生物供养等多种生态功能。因此，当从河流取水时，取水量应不损害河流生态功能的正常发挥。根据坦南（Tennant）（1976）的研究，当河流流量不低于多年平均流量的 30％ 时，才能保证大多数水生动物拥

92

有良好的栖息场所。因此,取水量应不超过平均流量的70%。从四川页岩气井场附近河流的流量,以及区域内平台钻井数分析,页岩气压裂耗水并不会对河流生态功能造成大的影响。以大寨河为例,其多年平均流量为 $3m^3/s$,日可取水量约为 $181440m^3$,压裂期内的供水,可供100多口井同时压裂(表3-34)。此外,除了河流直接取水,水库、城镇用水也是页岩气开采活动的重要水源,并且平台往往通过修建储水池、配备罐车缓解瞬时取水造成的水资源压力。因此,总的来看,防止页岩气开采对水资源造成过大压力的关键在于合理规划取水,并做好充分的储水。

表3-34 四川页岩气井场附近河流供水能力

井场	取水点	多年平均流量 (m^3/s)	日可取水量 (m^3)
YS117H1	大寨河	3	181440
泸204	沱水库出水河道	3	181440
宁209H13、209H16	南广河	13.55	819504.00
威页41#	威远河	10.97	663465.60
自201H5	荣溪河	1.98	119750.40

3.3.3 四川页岩气开发对水质的影响

水平压裂是开启页岩气的"金钥匙"。页岩渗透率极低,无自然产能。开采中,需要通过水平压裂压开地层,形成由天然裂缝和人工裂缝组成的裂缝网络,作为产气通道,实现产气。压裂液中含有有害物质,尽管生产中不断改进技术,并尽量使用污染更小的压裂液,但是由于压裂液使用量大,有毒物质总量不低,污染风险不能忽视。

压裂液污染风险主要来源于压裂过程渗漏、裂缝网络渗漏、返排液储存不当等（表 3−35）。

表 3−35　水力压裂水污染风险

成因	污染物来源	被污染水体	污染事件起因	风险可控性
压裂过程渗漏	压裂液	地表水、地下水	施工、管理缺陷	风险可控
裂缝网络渗漏	压裂液、深层下水、地下岩层有害物、甲烷	地下水	特定地质条件下的技术固有风险	风险不可控
返排液储存不当	压裂液、深层地下水、地下岩层有害物	地表水、地下水	施工、管理缺陷	风险可控
返排液未达标排放	压裂液、深层地下水、地下岩层有害物	地表水	违法事件/主观故意	风险可控
地下灌注不当	压裂液、深层地下水、地下岩层有害物	地下水	施工、管理缺陷、特定地质条件下的技术固有风险	风险可控

（1）压裂过程渗漏。

在压裂作业过程中，固井问题、操作不当、井压过高等，均可能导致压裂液或者返排液泄露，并透过地表浸入地层，污染地下水。

通常，一口钻井至少有 7 层钢质和水泥的保护层，它们能有效地阻止渗漏，使地下水免受污染。在一些情况下，井压过高会导致渗漏发生，但是渗漏液体或气体要和水体接触需要冲破所有防护层。这种极端情况发生的概率是极低的。英国哥伦比亚省石油天然气委员会对省内的钻井进行调查发现，10％的钻井曾经历过过高井压，但是由此造成的水污染事件却极少。因此，这一环节的风险，可通过规范施工和管理来控制。

与美国平原地区不同，四川地区地质结构脆弱，在开采过程中，渗漏风险更大。长宁区块表层溶洞发育，威远区块地表高差大，地层破碎，漏失严重，二叠系茅口、栖霞为易漏层段，基本属于裂缝性漏失。宁 201、威 40 等多个页岩气井均发生过井漏（表 3-36），威 201-H3 井茅口堵漏耗时近 10 天。因此，四川地区页岩气开发过程中，应更加注意压裂过程污染防控。高杰（2017）通过漏失压力计算、测井成像及岩心薄片分析等也发现，威远栖霞组、茅口组地层溶蚀缝洞和构造缝的发育是井漏频发的主要原因。

表 3-36　长宁－威远区块前期井漏统计

井号	地层层位	钻井液密度（g/cm³）	漏失量（m³）	最大漏速（m³/h）
宁 201	嘉四－嘉三	1.02	4748.0	失返
	茅二	1.32	54.5	34.8
威 40	雷二－嘉四	1.02	3677.0	失返
威 201	嘉三－嘉二	1.02	2534.1	失返
威 001－H5	雷口坡	1.02	9978.1	失返
宁 210	茅口－栖霞	1.30	120	89

（引自报告《川庆页岩气钻井技术》）

（2）裂缝网络渗漏。

压裂后，致密的页岩层被压开，形成裂缝网络，使得页岩以下的深层盐水或压裂液能够穿过原本致密的页岩层和上覆地层，

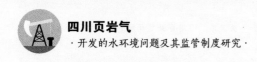

抵达地下水层，存在污染地下水的风险。

奥斯本（Osborn）等（2011）指出，在宾夕法尼亚马塞勒斯页岩和尤蒂卡页岩的上覆含水层中检测到了高浓度的甲烷和硼。溶解甲烷气体的 $\delta^{13}C-CH_4$ 和 δ^2H-CH_4 平均比值，与马塞勒斯页岩和尤蒂卡页岩的深地层热成因甲烷值相当。这表明，周围含水层的污染很可能来自页岩层的页岩气开采活动。此外，还发现魁北克地区的含水层和马塞勒斯页岩地区的饮用水井中的甲烷浓度有所提高。伴随着马塞勒斯地区和巴奈特地区饮用水井中稀有气体和各种烃类的出现，在宾夕法尼亚州的农村地区也发现了阴离子和阳离子浓度的升高（Annevelink 等，2016）。然而，沃纳等（2012）通过对多个地区水样本的对比分析指出，水体中离子浓度升高，并不是页岩气开采特有的现象，其产生决定于岩层的裂隙和地质结构。

四川地区页岩气水平井压裂过程中形成的裂缝规模宽度在600m 左右，高度在 400m 左右，局部地方裂缝高度达到 500m。当上覆层厚度发育不足时，形成的网缝就可能穿透上覆层，造成泄漏。四川威远地区龙马溪组上覆层为梁山组，是一套厚为 2～17m 的页岩层，因此水平压裂过程中形成的网缝易穿透上覆层，使压裂液具备通过网缝进入栖霞组、茅口组等非封闭性地层并渗流的条件。在断层与网缝沟通的情况下，压裂液还会通过断层到达地表。2015 年 11 月，四川威远县发生了一起水平压裂引发的环境污染事件，压裂液通过断层直接从地下渗流出地表。根据威远县环保局、中石油负责单位对该处泄漏点液体的化验分析，取样液体中含有龙马溪组地层中使用的钻井液及压裂液成分（表3-37）。

表 3-37　取样液体成分

成分	百分比（%）
降阻剂	0.005
防垢剂	0.003
柴油	3.1
清水	68.8
氰化物	0.8
溴化物	0.4
氟化物	0.2
烃类	1.3
As、Se	0.03

（引自高杰，2017）

　　此外，压裂产生的裂缝的长度可能由于岩层的脆弱性而比预想的要长。一项针对美国 2010—2013 年 44000 口井的研究显示，压裂的平均深度是 2.5km，其中 16% 的裂缝距离地表 1.6km，6% 的裂缝还不到 1km。而同一区域的密集压裂，可能进一步导致裂缝的贯通。加拿大不列颠哥伦比亚省的管理人员总结了 19 次裂缝贯通的事件后发现，两口井相隔达 600m，也发生了裂缝贯通。四川威远、长宁地区断层、微裂缝发育，当压裂规模较大时，也存在裂缝贯通的风险。以谢军等（2017）对长宁地区的地质分析为例，长宁井区龙马溪组层内发育中、小逆断层，9 口投产井水平中段与最近断层的距离在 0.1~1.45km 之间，断距平均不超过 30m，这些规模小的绕曲、微裂缝带或小规模断层，易导致储层压裂过程中形成复杂裂缝，增加风险的不可控性（表 3-38）。

表 3-38　长宁页岩区块典型生产井与断层之间的关系

井名	水平段中部与最近断层距离（km）	断层断距（m）
H6-1	0.20	<10
H6-3	1.45	<40
H2-5	0.27	15
H3-4	0.26	<15
H3-6	0.64	15
H4-4	0.20	<15
H4-5	0.10	<15
H4-6	0.20	<15
H2-4	0.35	10~15

（引自谢军等，2017）

（3）返排液储存不当。

压裂完成之后，15%~80%的压裂液要返排到地表，这些返排液通常先储存在储液池或储污池，然后在钻探场地或运往污水处理厂进行无害化处理后，再进行排放或者再利用。返排液排放量大，既包含有压裂液中的有害物质，又携带了地层深层高浓度的盐分、重金属、放射性物质等。因此，如果因储运不当发生泄漏，导致废水渗入饮水层或者流入农田、河流等淡水区域，将对地表水造成极大危害。凯尔（Kell）曾报道了俄亥俄州 1983—2007 年间发生的 63 起由于污水池无内衬或建造瑕疵而导致非公共供水水源污染的事故，以及得克萨斯州 1984 年以前发生的 57起废水处理池因无内衬而导致的地下水污染事故。

2019 年 9 月，延安市富县新富 11 井储存于罐体中的压裂返排液曾因渗漏，导致返排液流入井场路面，汇于井场低洼处，并且由于未采取防渗漏措施，可能还产生了下渗。此外，有报道指出，川渝地区多个钻井平台将返排液储存于附近的储污池。由于池子处于低洼处，池上未设防雨棚，因此，若遇暴雨，易发生外泄，导致污染。

（4）返排液处理不当。

返排液处理不当包括返排液未达标排放和地下灌注不当等。

罗泽尔（Rozell）和里文（Reaven）曾对马塞勒斯页岩开发中五个水污染途径风险——压裂液溢出、套管渗漏、岩层裂缝渗漏、钻井平台排出和废水处理进行评估，指出废水处理导致水污染的风险最大（Yap、赵惠娴，2017）。与马塞勒斯页岩不同，四川页岩气开采地区不便的交通、复杂的地质构造等进一步增加了其页岩气开采中由于返排液处理不当带来的环境风险。

返排液的处置方式有：①在储污池中自然蒸发干化，最后直接填埋；②简单除油除悬后灌入回注系统、废弃井、高含水低产井等；③处理达标后排放于环境中。

处置不当存在的风险主要有：

①处理技术不达标，导致排放物污染环境。沃纳等（2012）分析了位于西宾夕法尼亚的一座污水处理厂的水质和排出水、地表水、沉淀物的成分，结果发现处理厂降低了一些化学物质的浓度，但处理后液体中的氯化物和溴化物仍超过了背景浓度。此外，出水口沉淀物的镭（544～8759Bq/kg）比入水口沉淀物背景浓度高 200 多倍，高于放射性废物处理阈值标准（185～1850Bq/kg），为页岩气废水处理地带来了潜在的镭累积风险。

②由于传统的污水处理设备很难彻底清除废液中的放射性元素、氯化物等有害物质，所以处理后的返排液排放仍可能污染河流和饮用水源。而废水中高浓度的碘化物和溴化物还可能在处理中与消毒物质（氯、氯胺或臭氧）反应，生成的物质对生物细胞和遗传物质具有很大的破坏力，只含有 0.01％碘化物和溴化物的废水经过氯化后也会产生诱变剂和致癌物（三卤甲烷和卤乙

腈）。

③在采用自然干化填埋处置方式时，返排液长期自然暴露于环境中，其中的放射性物质对周围环境存在持续辐射，而外运处理又增加了沿途污染的风险。

④在四川岩溶地区，溶洞和地下河发育，使地下灌注存在较大风险。

第4章　页岩气开发的水环境监管制度

早在 1897 年，俄亥俄州水力压裂中的爆炸就导致了 6 人死亡，因此，在页岩气发展初期，人们对水力压裂就有警惕之心。相关约束和管理的法律包括《美国联邦环境法》《清洁水法案》《安全饮用水法》《资源保护和恢复法》《清洁空气法》等。这些法律相对有效地保护了美国人民最基本的生存环境。

水力压裂技术 1949 年就在天然气开采中被使用。但在较长一段时间里，它以一种无监管的状态，被运用于非常规天然气——煤层气的开发中。随着非常规天然气产量的增加，水力压裂对饮用水的污染逐渐被媒体和公众关注，为此，美国联邦环保署专门启动了针对水力压裂饮用水污染的研究任务。2004 年，这一研究任务得出结论，水力压裂对浅地下水的影响非常微弱。这一结论变相支持了非常规天然气的发展。紧接着，2005 年，美国联邦环保署公布《联邦能源法案》，给予水力压裂豁免权，使之在进行地下灌注时，不再受《安全饮用水法》的约束。在豁免权的保护下，美国页岩气迅速发展，到 2009 年，产量已经超过了 3 万亿立方英尺。而这样的迅猛发展带来的环境问题，也使公众的环保呼声越来越高。公众要求联邦尽快出台相关法律制度，约束水力压裂。在巨大的压力下，水力压裂法案被提出，法案提出取消 2005 年《联邦能源法案》对水力压裂的豁免，并且公布所有使用的水力压裂液的化合成分。但是这一提案最终连国会投票环节都没有进入。在联邦监管缺席的情况下，各州一方面

利用现有的油气开采相关法律制度和环保法律制度，对页岩气开采活动进行规范；另一方面各州也基于各自的情况提出了州内水力压裂管理制度。

4.1 美国水环境监管体系

不论中国还是美国，在水环境管理时均将水按照资源属性和质量属性两种属性进行管理。水资源管理的核心内容是水资源的使用，表现为水权的赋予与变更。对水质的管理即水环境污染的防治。基于这两个方面的管理，形成了两套相对独立的组织机构和制度。

4.1.1 美国水环境监管组织机构

美国涉及水环境管理的政府机构有多个，包括环境保护署（以下简称环保署）、陆军工程兵团、美国地质调查局、鱼类和野生动植物管理局、水土保持局、国家海洋与大气管理局、联邦能源监管委员会等，它们在水环境管理中的职能各不相同（表4-1），在各机构之间，联邦环保署拥有美国境内环境保护的最高权限，有权支配部分联邦财政预算，主要对水环境质量负责。

表4-1　美国水环境管理机构及相关职能

机构名称	水环境管理相关职能
环境保护署	发放污染排放许可证，制定国家饮用水标准，出台有关规定帮助各州制定水质标准，管理州资助项目以补贴兴建污水处理厂的费用等
陆军工程兵团	负责防洪、洪水冲积平原管理、供水、航运、水力发电、海岸线保护和水上游乐等项目
美国地质调查局	负责对全国水资源的质量、数量及使用情况进行评估

机构名称	水环境管理相关职能
鱼类和野生动植物管理局	负责保护濒危物种、淡水及濒危鱼类、某些海洋哺乳动物和候鸟。管理着 700 处国家级野生生物保护区，还负责对水电拦河坝、运河开凿以及疏浚和填埋等活动的环境影响进行评估
水土保持局	协助农民制订水土保持计划，与其他机构合作对实施水土保持措施的资金做安排，就农药和化肥的使用以及土地管理向农民提供建议，还负责诸如"湿地保护计划""小流域计划"之类的水资源改善项目
国家海洋与大气管理局	负责沿海地区的流域管理、非点源污染以及渔业管理
联邦能源监管委员会	负责颁发水电项目建设许可证、提出环境质量保护措施等

联邦环保署的主要职责包括：制定相关法规，制定基于技术的排放限值，颁发许可证，环境执法，监督和援助州计划的实施，批准流域规划、水质标准和日最大负荷管理计划（Total Maximum Daily Load，TMDL），每年向国会报告水质状况，制定环境预算，进行科学研究和技术示范，制定相关导则和技术文件，帮助地方政府培训和管理技术人员，对州进行财政援助等。联邦环保署下，各州、县、市也设立有环保署，各级环保署职能各不相同，它们之间并无行政隶属关系，而是业务上的上下级关系。此外，美国联邦环保署在全国设有十个大区办公室，分别位于波士顿、纽约、宾夕法尼亚、亚特兰大、芝加哥、达拉斯、堪萨斯城、丹佛、旧金山和西雅图，共有约 18000 名工作人员，负责对所辖区域的环境保护工作实施监督。这些分署的负责官员由总署委派，机构运行经费也是由联邦政府调拨。"联邦—区域办公室—州政府—地方政府"这种直线型的管理模式不仅便于监督，且可最大限度避免地方政府的干扰（图 4-1）。

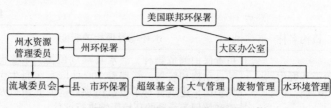

图 4-1　美国水环境管理机构

（引自汪志国等，2005）

美国联邦环保署主要通过两大手段引导州政府的环保工作：立法手段和经济手段。①立法手段：制定污染物排放标准。②经济手段：美国联邦环保署管理着政府滚动基金（State Revolving Fund，SRF）。政府滚动基金是 1987 年后联邦政府投资水污染防治项目的主要形式，是美国《清洁水法》（1987 年）的要求，目的是形成一种可持续的资金渠道，用于环境保护工作。政府滚动基金通过中央银行直接下拨，近年来每年政府滚动基金约有 40 亿美元。政府滚动基金通过经济手段鼓励地方政府建设和经营有效的城市污水处理体系。美国多年的实践证明，这种资金管理和激励机制对于地方政府更好地开展水污染防治工作是十分有效的。

美国的水环境保护职责大部分都赋予了联邦和州政府，各州政府对于其辖区内的水和水权分配、水交易、水质保护等问题拥有大部分的权力，各州设立水务管理机构，州以下的县、市也设立相应的水务局，对不同的涉水事务，例如供水、排水、治污和回收再利用等进行统一的管理以及规划安排。据统计，州负责了 90% 以上的环境执行行动，收集了 94% 的联邦环境监测数据，开展了 97% 的监督工作。而州以下政府的主要职责就是守法，执行联邦和州的各项法律法规。与联邦环保署相似，为了避免行政区域分割性导致水资源管理权责不清等一系列问题，解决跨行政分割的流域治理问题，州政府分别成立了专门针对几大主要河流的联邦特别管理机构——流域水资源管理委员会。因此，美国采取了行政区域管理与流域管理相结合的水环境管理体制。

与水环境质量管理体系相比,美国水资源管理体系更复杂,水资源管理体制经过了从分散到集中再到分散的过程。目前,实行的是联邦与州、流域与地方管理相结合的分散式管理模式,其水资源管理机构重叠,权力也较分散(图 4-2)。

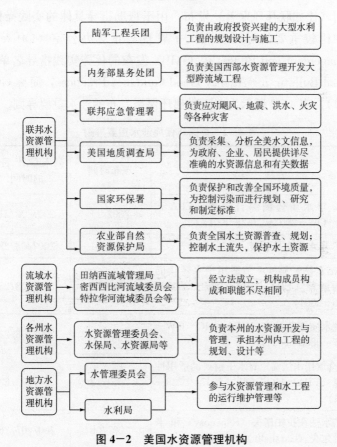

图 4-2 美国水资源管理机构

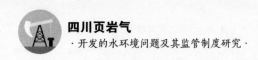

4.1.2 美国水环境法律法规

美国联邦的法律条文包括三类：条例（Laws）、法规（Regulations）、导则（Policy & Guidance）。条例由国会颁布。法规是对条例的技术、操作及其他细节的解释。导则由行政主管部门（比如联邦环保署）发布，用于帮助指导具体的实践操作。其中比较重要的导则被列入了管理与预算办公室（Office of Management and Budget's，OMB）发布的优秀实践指导名单中（Final Bulletin for Agency Good Guidance Practices，简称GGP名单）。表4-2所示为美国联邦环保署发布的涉水重要导则。

表4-2 美国环保局涉水重要导则

名称（编号）	颁布时间	列入GGP名单的时间
2002年水质监测综合报告（EPA-HQ-OW-2007-0787-0001）	2002/11	2007/08/23
2003年水质交易政策	2003/01	2007/08/23
《清洁水法》第402节适用于水转让的机构解释（EPA-HQ-OW-2007-0805-0001）	2005/08	2007/08/23
环境水质细菌标准（EPA-HQ-OW-2007-0808-0001）	1986/01	2007/08/23
《安全饮用水法案》对水下财产的适用性解释（EPA-HQ-OW-2007-0838-0001）	2003/12	2007/08/23
清洁水法在拉帕诺夫（Rapanosv）和卡拉贝尔夫（Carabellv）的管辖权	2007/06	2007/07/26
汇流河道长期控制指南（EPA83-B-95-002）	1995/09	2007/08/23

名称（编号）	颁布时间	列入 GGP 名单的时间
基于《清洁水法》404（b）1 的减排决定（EPA－HQ－OW－2007－0798－0001）	1990/02	2007/08/23
减排账户建立、使用和运行联邦指南（EPA－HQ－OW－2007－0799－0001）	1995/11	2007/08/23
沿海非点状污染治理规划指导意见（最终修改）（FR21OC98－34）	1998/10	2007/08/23
2001 年 1 月汞水质标准实施指导意见（EPA823－R－10－001）	2010/04	2010/05/13
基于 TMDL 的水质指南（EPA440－4－91－001）	1991/04	2007/08/23
水生生物保护、使用的国家水质标准值制定指南（EPA－HQ－OW－2007－0807－0001）	1985/01	2007/08/23
备忘录：美国水域范围（依据 SWANCC 最高法院的判决）（EPA－HQ－OW－2007－0801－0002）	2003/01	2007/08/23
基于人类健康的水质标准的制定方法（EPA－HQ－OW－2007－0809－0001）	2000/10	2007/08/23
国家河口规划指南－综合保护、管理方案：内容及审批要求（EPA842－b－92－002）	1992/10	2007/08/23
最大日负荷确定和实施新策略（EPA－HQ－OW－2007－0785－0001）	1997/08	2007/08/23
第 503 条实施指南（EPA－HQ－OW－2007－0806－0001&EPA－HQ－OW－2007－0806－0001.1）	1995/10	2007/08/23

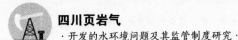

名称（编号）	颁布时间	列入 GGP 名单的时间
针对美国矿业国会控诉工兵团案的某些活动的管制（EPA-HQ-OW-2007-0800-0001）	1997/04	2007/08/23
1996 年前受管制污染的多个新技术（815-R-98-003）	1998/09	2007/08/23

美国水环境质量的核心条例是《清洁水法》。《清洁水法》的前身为 1948 年颁布的《水污染防治法》（the Federal Water Pollution Control Act，FWPCA）。该法案虽然建立了水污染物排放规范的基本框架和地表水质量标准，但由于认为水污染防治是各州政府和地方的问题，因此联邦政府既没有制定相应的目标，也没有出台相应的指导方针。1972 年，《清洁水法》出台，后经多次修订，最终奠定了美国水污染防治的框架体系。《清洁水法》明确设定了美国水环境管理的最终目标：恢复和保持水体的物理、化学和生物完整性。为了达到这一目标，法案要求，到1983 年，水质要达到可游、可渔的标准；禁止向水体排放有毒物质，到 1985 年，清除向可航行水域排放的污染物。同时，法案还规定了各主体的权责范围：联邦为公共污染物处理厂提供资金支持，国会应支持环保研究，国会确保各州在环保和水资源方面的责任和义务，联邦环保署有责任建立完整的管理体系，防止、减少和消除可航行水域、地下水污染，提高地表水和地下河（渠）水的清洁度。此外，该法案明确指出，各州的水资源管理由各州按照自己的法律规定进行，不在该法案的实施范围内。《清洁水法》的重要贡献包括以下几个方面：

（1）确定了水环境管理中联邦与州政府的职责与分工。

在 1948 年之前，州和地方政府是水污染控制的主要责任者。

《清洁水法》出台之后，包括水污染控制政策目标制定、政策执行及监督核查的职责被赋予了联邦政府，即联邦政府是国家层面法律的直接执行者，州政府必须首先满足联邦政府的一系列要求后才能参与法律的执行。如 1982 年实施的《美国国家污染物排放消除制度》(National Pollutant Discharge Elimination System，NPDES) 规定，所有排污单位必须申请并获得 NPDES 排污许可证。许可证制度的实施主要由联邦环保署负责。州在达到特定条件后可以向联邦申请，联邦环保署通过和州签署授权协议，授权这些州来具体实施。联邦拥有相关法律规范的制定、人才培训、批准和否决以及核查和监督的权力，对授权的州提供资金、技术和法律方面的支持和培训，并对州的执行情况进行监督管理。即使授权给州执行，联邦环保署仍保有对州内排污单位进行监督检查的权利，必要时可以越过州政府直接调查，由联邦强制执行，甚至收回对州的授权。

(2) 确定了国家污染物排放削减管理体系 NPDES。

《清洁水法》中第 402 款规定，任何直接向水体排放污染物的点污染源都必须取得排污许可证，否则禁止向水体排污。排污许可证由联邦环保署授权的州或者各大区办公室发放。当州拥有相应的法律制度，有能力执行 NPDES，能够保证《清洁水法》规定的环保目的达成时，可向联邦环保署提供完整的关于州 NPDES 建立和运行的报告，申请自主管理州内的排污许可发放。截至 2015 年 1 月已有 20 个州获得全部授权，26 个州获得部分授权，进行州内排污许可管理。此外，为了保证 NPDES 的运行效果，联邦环保署与清洁水管理协会 (Association of Clean Water Administrators，ACWA) 经过多年的努力建立了环境结果许可策略 (Permitting for Environmental Results，PER)。

(3) 确定了污染物日污染最大负荷控制计划 TMDL。

《清洁水法》建立了一种基于目标的水质控制方案。法案开

头便提出，水环境保护的目标是：恢复和保持水体的化学、物理和生物完整性。基于这一目标，法案第303（d）款要求各州对境内水体进行评估，列出那些不能达到法案水质标准（受损），或者虽然达标但下一个报告期很可能超标（受威胁）的水体。针对这些水体，各州必须通过计算，制定排污日最大负荷，保证水质达标。在确定日最大排污负荷后，再将排污量分配给各个污染点源和面源（图4-3）。根据法案，各州每两年需要重新提交污染和受损水体名单。TMDL的实施，使污染水体得到持续的监测和监管，使之最终达标。

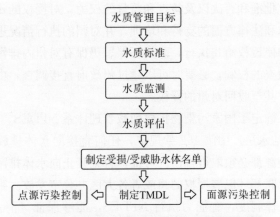

图4-3　清洁水法受损/受威胁水质控制思路

4.1.3　美国非政府环保组织参与情况

《清洁水法》规定，非政府组织可以参与国家的环境调查研究工作，同时也允许非政府组织在环保局或当地政府未对污染者采取有效行动的情况下起诉污染者。在美国页岩气开发中常常能看到非政府环保组织的身影。比如，大自然保护协会（The Nature Conservancy）和加利福尼亚大学设计了一个选址优化软件（Spatial Portfolio Optimization Tool，SPOT），并将该软件用于西维吉尼亚、宾夕法尼亚等地区页岩气开发选址的研究。同时，大自然保护协会还总结多方的研究，提出了页岩气开发实践指导，以避免或减少页岩气开发对景观、水源、声环境等方面的影响。除了大自然保护协会，宾夕法尼亚荒野（Pennsylvania Wilds）、绿色和平（Greenpeace）、水与环境管理特许学会（The Chartered Institution of Water and Environmental Management，CIWEM）等非政府组织也参与到了页岩气环境影响的研究中。

4.1.4　美国公众参与情况

《清洁水法》鼓励公众参与水环境管理，规定联邦政府和各州在制定、修订、实施任何法规、标准、排污限制、计划或项目时，都要有公众参与。早在 1981 年，美国环保局就颁布了它的第一个公众参与政策——《美国环保局公众参与政策》，规定了公众的范围、公众参与的内容及程序等，为公众参与环境保护提供了全面系统的政策框架。事实上，美国公众的环境参与积极性也十分高。2008 年，在密歇根州，由于公众无法参与动物集中饲养操作（Concentrated Animal Feeding Operation，CAFO）排污限制的制定，塞拉俱乐部的一个分会对密歇根州许可机构提起诉讼，并胜诉。而 2006—2018 年，公众仅针对水力压裂就提出了 139 起诉讼（图 4-4）。此外，美国建有专门的网站，用于登记和公众查询各个压裂钻井平台压裂液的主要成分。

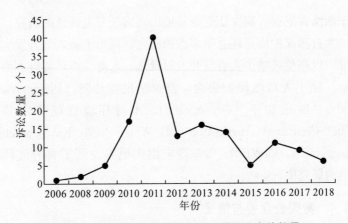

图4-4　2006—2018美国水力压裂诉讼案件数量

[引自沃特森（Watson），2019]

4.2　我国水环境监管体系

4.2.1　我国水环境监管与组织机构

在国家层面，我国涉水管理职能部门主要有生态环境保护部和水利部。其中生态环境部主要负责水环境质量保护，水利部主要负责水资源管理。生态环境部内部设有水生态环境司，在各省、市、县有下属生态环境厅、生态环境局。同时，生态环境部在华北、华东、华南、西北、西南、东北各区域分别设立了督察局，承担所辖区域内的生态环境保护督察工作；并且在长江、黄河、淮河、海河、珠江、松辽、太湖七个重点流域设立了流域生态环境监督管理局，作为生态环境部的派出机构，负责流域生态环境监管和行政执法等相关工作，实行生态环境部和水利部双重领导、以生态环境部为主的管理体制。另外，在省、市、县各级设立河长制，由各级党政主要负责人担任"河长"，负责辖区内河湖的生态保护（图 4-5）。

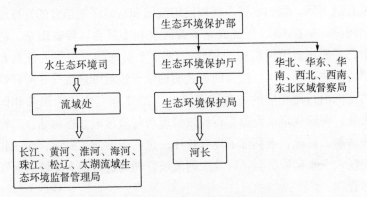

图 4-5　我国水环境质量管理组织机构

　　近两年，我国水环境质量管理经历了三个重要进步。一是关于保护主体认识的转变，由原来从化学、物理性质上保护环境，到将环境作为一个有机整体（生态系统）进行保护。这样的转变能从本质上实现对环境功能的保护。转变的标志事件就是 2018 年"环境保护部"更名为"生态环境部"。二是由单一的行政区划管理，发展到流域与行政区划结合，即将水资源管理中的流域管理引入，对重要江河、湖泊按流域进行单独管理。2019 年，根据《中央编办关于生态环境部流域生态环境监管机构设置有关事项的通知》，七个流域生态环境监督管理局成立。三是结合中国行政管理的特点，在各级政府中设立河长制。2017 年，我国开始全面建立河长制，2018 年 6 月底，全国 31 个省（区、市）已全面建立河长制，共明确省、市、县、乡四级河长 30 多万名，另有 29 个省级行政区设立了村级河长 76 万多名，打通了河长制"最后一公里"。这些重要转变，使得水环境保护在形态和功能上都向整体保护迈进了一大步，但是，如何更好地将行政区划和流域管理结合，仍是今后水环境管理体制改革需要解决的重要问题。

　　我国水资源管理的主要机构是水利部，其管理内容包括水资

源开发利用、水资源保护、节水管理、水土保持等。与水环境质量管理不同，我国水资源管理使用流域和行政区划结合的管理原则较早，早在 1950 年就成立了黄河水利委员会，负责山东、河南、平原三省治河机构的领导。1998 年实施的《中华人民共和国防洪法》第一次以法律的形式明确赋予流域管理机构在所管辖的范围内行使相应的行政管理权力。2002 年《中华人民共和国水法》明确规定水资源实行流域管理与行政区域管理相结合的管理体制。目前，水利部下设有长江、黄河、淮河、海河、珠江和松辽六个水利委员会，以及太湖流域管理局进行七大流域的水资源管理。

　　总的来说，我国的水环境管理体制的特点表现为，行政区划管理为主，流域管理为辅，环境质量管理与资源管理分离。水体是一个由水文地质环境决定的总体，行政区域上的分割，不利于其整体生态健康的维持，水资源与水环境管理的分割，更是将一个系统的整体进行了割裂管理。以流域为主对水环境质量和资源进行统一管理，将是未来协调水环境，维持其整体健康发展的趋势。流域管理已是我国水管理的趋势，我国已在七大流域同时建立了水资源管理机构和水环境质量管理机构，并且对全国各水域进行了功能划区，明文规定功能区的监督管理实行流域管理与行政区域管理相结合的方式，并且明确规定了行政机构和流域管理机构的不同职责。国际上，目前按流域对水环境进行统一管理的国家有英国、法国、意大利等。以英国为例，英国的环境署是中央政府负责水环境管理的主要机构，它既负责水资源的长期规划以及保护、调配、开发，也负责水质保护、废水减排、渔业、航运等，真正实现了水环境的综合管理。

4.2.2　我国水环境法律法规

　　我国水环境法律法规主要包括水资源管理和水环境管理两

类。在国家层面，《中华人民共和国水法》（以下简称《水法》）是水资源管理的根本依据，《中华人民共和国水污染防治法》（以下简称《水污染防治法》）是水环境质量管理的根本依据。

4.2.2.1 水资源管理法规

《水法》规定了我国水资源国有和集体所有的属性，确定了取水许可制度、有偿使用制度，并且对用水实行总量控制和定额管理相结合的制度，在管理上执行流域管理与行政区域管理相结合的管理制度。我国水资源法规体系见图4-6。

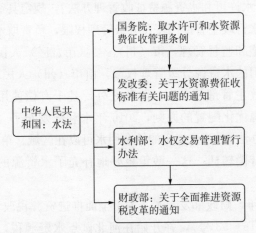

图4-6 我国水资源法规体系

（1）取水许可制度与有偿使用制度。

2006年国务院发布了《取水许可和水资源费征收管理条例》，2017进行了修正。该条例对不同区域取水许可单位、审批内容、收费标准制定等作出了规定。对长江、黄河等重要流域、流域直接管理的水体，以及国际边界、跨省（区、市）的水体，由流域管理机构审批，其他取水由县级以上地方人民政府水行政主管部门审批。关于水资源费的征收标准，则规定由（区、市）人民政府价格主管部门会同同级财政部门、水行政主管部门制

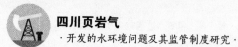

定。因此，具体如何有偿使用，决定权主要在地方。2013 年，发改委专门发布了《关于水资源费征收标准有关问题的通知》，要求各地 2015 年底以前将地表水、地下水水资源费平均征收标准原则上应调整到通知建议的水平以上。基于此，四川省 2014 年发布了《关于调整非水力发电类水资源费征收标准的通知》和《关于调整水力发电用水水资源费征收标准的通知》，规定了四川省水资源费征收的新标准。收费标准制定在省一级的单位，而具体的实施则按照分级管理的原则执行。四川省 2012 年出台了《四川省取水许可和水资源费征收管理办法》，规定县级以上地方人民政府水行政主管部门按照分级管理权限，负责取水许可制度的组织实施和监督管理，市（州）、县（市、区）人民政府水行政主管部门的水资源分级管理权限，由市（州）人民政府制定，报省水行政主管部门备案。除此之外，基于有偿使用和促进节水、水资源优化配置的原则，2016 年水利部发布了《水权交易管理暂行办法》，符合规定的结余用水可以在区域、单位、组织、个体之间有偿转让。这一政策更好地补充了水资源的有偿使用管理。

2016 年，财政部发布了《关于全面推进资源税改革的通知》（财税〔2016〕53 号），并开始在河北试点水资源税，次年试点范围扩大到北京、天津、山西、内蒙古、山东、河南、四川、陕西、宁夏 9 个省（区、市）。水资源税是资源税征收范围的扩大，水资源税的征收一方面引导用水结构优化，例如通过提高地下水税率，减少地下水开采；另一方面，由于税收征收具有更高的强制性，而且征收主体明确、固定，因此，征收率更高，与被征者之间的矛盾更少。

从这些措施可以看出，在我国，以《水法》为出发点，长期以来形成了多级、多部门配合、协调管理水资源的模式，但为了保证管理的效率，集约管理在逐渐加强。

（2）用水总量控制和定额管理。

早在《水法》颁布前，在流域管理中，就已经开始了用水总量控制。1987 年国务院批准了"黄河可供水量分配方案"，将"黄河可供水量分配方案"分配给各省（区、市），正常年份的年耗水量指标细分到各市（地、州、盟），并明确了黄河干流、支流的控制指标（重要支流需单列）。2002 年黄河水利委员会出台了《黄河取水许可总量控制管理办法》。2007 年前，辽宁、陕西等省也实行了用水总量控制和定额管理。2007 年水利部颁布了《水量分配暂行办法》，用于规范跨省（区、市）的水量分配和省（区、市）以下其他跨行政区域的水量分配。办法同时规定，水量分配应当以水资源综合规划为基础。2012 年《国务院关于实行最严格水资源管理制度的意见》出台，要求加快制定主要江河流域水量分配方案，建立覆盖流域和省市县三级行政区域的取用水总量控制指标体系，实施流域和区域取用水总量控制。至此，一个由法规、规划、指标体系构建而成的用水总量控制管理系统逐渐形成（图 4-7）。

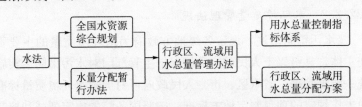

图 4-7　我国水资源总量控制法规体系

（3）流域管理与行政区域管理相结合。

《水法》明确规定国家对水资源实行流域管理与行政区域管理相结合的管理体制。但从执行上看，管理责任主要在地方政府。如《水法》赋予流域管理机构组织编制跨省（区、市）的水体流域综合规划和区域综合规划，并且规定区域综合规划要服从流域综合规划，专业规划要服从区域综合规划。这些规定给了流

117

域机构规划流域内水资源的权限。但从执行上，流域机构对规划的制定，需要与地方政府协商，规划的实施需要由政府部门落实。在这样的背景下，如果没有更加具体的管理制度和考核机制，流域机构的规划就难以实施。2012 年，国务院发布《国务院关于实行最严格水资源管理制度的意见》，要求严格水资源规划，加快制定河流水资源分配方案，并且将对水资源管理效果进行考核，考核结果作为对各省（区、市）人民政府主要负责人和领导班子综合考核评价的重要依据。2013 年松辽流域水量分配方案出台，随后太湖、赤水河、岷江、沱江、汉江、嘉陵江、乌江、渭河等流域的水量分配方案陆续出台。湖南、四川等省也陆续发布了区域内各主要河流的水量分配方案。2016 年，水利部发布《水利部等 9 部门关于印发〈"十三五"实行最严格水资源管理制度考核工作实施方案〉的通知》，并从 2017 年开始发布年度考核方案，对 31 个省（区、市）水资源管理进行考核。这些措施一方面使水资源的管理形成了良好的考评机制，另一方面也有利于促进行政区域配合、落实流域机构的水资源规划和管理。

4.2.2.2　水环境质量管理法规

《水污染防治法》规定各级地方政府为水环境质量的主要责任主体，县级以上人民政府环境保护主管部门对水污染防治实施统一监督管理，省（区、市）人民政府可对国家水环境质量标准中未作规定的项目制定地方标准，按照国务院的规定削减和控制本行政区域的重点水污染物排放总量，水环境保护目标完成情况是地方人民政府及其负责人考核评价的内容之一。同时，从该法案可以看出，我国试图建立一个由规划、标准、评价、监测、治理组成的水环境质量防治体系。

（1）水污染防治规划。

《水污染防治法》规定重要流域、省（区、市）均需对水污染防治进行统一规划，对于水质不达标的水体，要制定限期达标规划，采取措施限期达标。限期达标规划需备案并向社会公开，规划执行情况需要向人民代表大会汇报并向社会公开。早在"十一五"期间，淮河、海河、辽河、松花江、三峡库区、丹江口库区、黄河中上游、滇池、巢湖流域就制定了水污染防治规划，并取得了较好的效果。基于此，2008 年，当时的环保部发布了《关于进一步加快重点流域水污染防治规划实施的通知》，要求加快重点流域水污染防治规划项目的建设与落实。2012 年，环保部、发展改革委、财政部、水利部联合出台了我国第一个全国性的水污染防治规划——《重点流域水污染防治规划（2011—2015）》，投资约 3460 亿元对松花江、淮河、海河、辽河、黄河中上游、太湖、巢湖、滇池、三峡库区及其上游、丹江口库区及上游等 10 个流域，315 个控制单元，进行污染治理，到 2015 年将总体水质由中度污染改善到轻度污染。2017 年，四部又发布了《重点流域水污染防治规划（2016—2020）》，要求到 2020 年，长江、黄河、珠江、松花江、淮河、海河、辽河等七大重点流域水质优良（达到或优于Ⅲ类）比例总体达到 70% 以上，劣Ⅴ类比例控制在 5% 以下。同时，针对地下水污染防治，环保部 2011 年发布了《全国地下水污染防治规划（2011—2020 年）》，计划分两个阶段遏制地下水水质恶化的趋势，并使地下水水质得到全面改善。

（2）水污染防治标准。

水污染防治标准包括水环境质量标准、水污染物排放标准、环境监测方法标准、标准样品标准以及环境基础标准等，是一个由一系列标准组成的标准体系。其中水环境质量标准有地表水环境质量标准、地下水质量标准、海水水质标准、渔业水质标准和农田灌溉水质标准，约束页岩气开采行为的主要是地表水和地下水水质标准。水污染物排放标准则包括各种行业水污染物的排放标准，如电池工业、炼焦工业、有机化学工业等，但并无天然

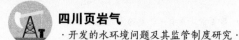

气、石油开采行业的水污染物排放标准，也没有水力压裂作业水
污染物排放标准，因此，页岩气开采只能使用污水综合排放标
准，该标准规定了 69 种水污染物最高允许排放浓度，其中页岩
气开发涉及的放射性元素、重金属元素、悬浮物、氯盐都在标
准中。

（3）水环境影响评价。

1979 年 9 月，环境影响评价被写进了试行的《中华人民共
和国环境保护法》；2002 年 10 月 28 日第九届全国人民代表大会
常务委员会第三十次会议通过《中华人民共和国环境影响评价
法》，并于 2003 年 9 月 1 日开始施行。2006 年和 2009 年《环境
影响评价公众参与暂行办法》和《规划环境影响评价条例》分别
颁布，自此基本形成了我国环境影响评价的法规体系。2004 年，
我国正式实行环境影响评价工程师职业资格制度，随后 2005 年
出台了《建设项目环境影响评价资质管理办法》，2009 年出台了
《规划环境影响评价条例》，2019 年 11 月 1 日《建设项目环境影
响报告书（表）编制监督管理办法》开始施行，同时生态环境部
建立的环境影响评价信用平台也正式上线。至此，我国建立起了
一个包含管理与监测的环境影响评价服务体系。此外，自 1993
年以来，我国陆续出台了包括《环境影响评价技术导则总纲》在
内的 30 余项环境影响评价技术导则和规范，包括生态影响、地
下水环境、大气环境等环境因子单项导则和广播电视、城市轨道
交通等专项导则 [其中与页岩气关联的是《环境影响评价技术导
则　陆地石油天然气开发建设项目》（HJ/T 349—2007)]，以及
《建设项目环境影响评价技术导则总纲》等总则。由此可见，我
国的环境影响评价制度体系主要由法规、标准和服务体系构成
（图 4-8）。

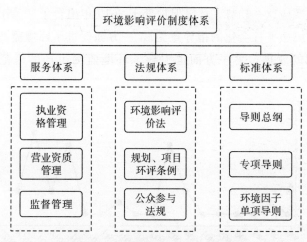

图4-8 我国环境影响评价制度体系

（4）水环境污染监测。

1983年，城乡建设环境保护部颁发了《全国环境监测管理条例》，条例确定了环境监测的责任机构，包括国家总站、省、市、县四级及部门的专门监测站，并明确了各级站点的职责，要求建立全国环境监测网络，环境监测实行月报、年报和定期编报环境质量报告书的制度。这是我国最早的环境监测法规，根据这一条例，1991年，环境保护部又颁发了《全国环境监测报告制度（试行）》。1990年，我国第一个环境监测技术规范——《环境核辐射监测规定》（GB 12379—90）发布，随后陆续出台了《场地环境监测技术导则》《地下水环境监测技术规范》《土壤环境监测技术规范》等将近50个环境监测技术规范文件（图4-9）。从已发布的文件来看，环境监测更多的是技术层面的问题，而从管理角度来看，环境监测主要可以分为常态主动监测和排污强制监测两类。常态监测主要由各级监测站完成，而排污监测由各排污单位自行监测。随着环境保护力度的增加，环境监测市场也在增长，因此一些社会环境监测机构也加入了环境监测的服务

之中。顺应这一趋势，环境保护部于 2015 年出台了《关于推进环境监测服务社会化的指导意见》，一方面促进了环境监测服务社会化的发展，另一方面也引导了环境监测市场的规范有序发展。

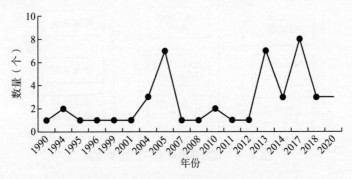

图 4-9　1990—2020 年环境监测技术规范出台数量

除了环境监测这一技术手段，近年来，一些学者提出对建设项目，尤其是重大项目，应通过环境监理来避免生态环境破坏。环境监理试点最早于 1986 年在安徽省马鞍山市进行试点，但后来发展成了环境监察执法制度。我国真正的环境监理工作始于 20 世纪 80 年代。1995 年，黄河三角洲小浪底水利工程首次正式引入现代意义上的环境监理。2012 年后，随着环境保护部《关于进一步引导建设项目环境监理的通知》的发布，多个省份先后开展了环境监理试点工作。2012 年甘肃省对敏感区域建设项目、环境高风险、环境影响重大的建设项目开展环境监理，2013 年陕西省《建设项目环境监理规范》（DB61/T 571—2013）发布。但截至目前，还没有国家层面的建设项目环境监理法规出台。

4.2.3　我国公众参与情况

早在 1989 年，当时颁布的《中华人民共和国环境保护法》

就规定"一切单位和个人都有保护环境的义务，并有权对污染和破坏环境的单位和个人进行检举和控告"，这一规定确定了公众参与环境保护的合法性。1996 年修订的《中华人民共和国水污染防治法》则进一步规定"环境影响报告书中，应当有该建设项目所在地单位和居民的意见"。2002 年，《中华人民共和国环境影响评价法》则规定了在规划和建设项目环评中都需要"征求有关单位、专家和公众对环境影响报告书草案的意见"，并且"在报送审查的环境影响报告书中附具对意见采纳或者不采纳的说明"，对环评中公众意见进行了更加强硬的要求。2006 年，第一部公众参与环评的规范性文件《环境影响评价公众参与暂行办法》发布，为国内公众参与建设项目环评提供了法律依据。2014年修订的《中华人民共和国环境保护法》则专列了一章《信息公开和公众参与》，详细规定了信息公开的要求。2015 年，环境保护部公布《关于推进环境保护公众参与的指导意见》和《环境保护公众参与办法》，对公众参与环保的过程进行了更加详细的规定。2018 年修订发布了《环境影响评价公众参与办法》，全面规定和细化了公众参与的内容、程序、方式和渠道等。从我国公众环保参与法律制度的变化来看，自 2006 年以来，我国公众参与环保的权利逐渐在法律制度方面得到了落实。

4.2.4 我国非政府环保组织参与情况

尽管我国已经从信息公开制度建设、公众参与制度建设等多方面为公众参与环境保护、维护环境权益提供了基础，但是，由于公民个人力量微小，公民环境保护专业知识不足，因此，在环保公众参与中，非政府环保组织就成了维护公众权益的重要力量。

中国发展简报网统计，截至 2021 年 4 月 17 日，我国有环保类非政府组织 954 个，但是参与到环保权益维护的活跃组织并不多，2016 年提起的 37 件环境公益民事案件，均由 7 个组织提出（表 4-3）。2014 年修订的《中华人民共和国环境保护法》规定符合条件的社会组织可以向人民法院提起诉讼，由此赋予了非政府组织提起环保公益诉讼的权利。但总的来说，我国非政府组织在环保诉讼中所占的分量仍然不高。2016—2019 年，我国法院共受理非政府组织提起的环境民事公益诉讼案件 339 件，其中 2019 年 179 件（表 4-4），仅占当年环境公益诉讼的 36.5%。目前，我国环境公益诉讼提起的主体是检察机关。

表 4-3　2016 年国内非政府组织提起环保公益诉讼案件

非政府组织名称	案件数（件）
重庆绿色志愿者联合会	1
中国绿发会	19
自然之友	9
中华环保联合会	4
中华环境保护基金会	2
河南省企业社会责任促进中心	1
安徽省环保联合会	1

（引自孙怀瑾，2020）

表 4-4　2016—2019 年我国非政府组织提起环境民事公益诉讼案件数

年份	2016	2017	2018	2019	合计
案件数（件）	37	58	65	179	339

（引自中国裁判文书网）

4.3　四川页岩气开发水环境保护法规现状和保护机制完善建议

4.3.1　水环境保护法规现状

　　在国家法规的基础上，四川省出台了一系列地方法规、标准、政策，包括《四川省水污染物排放标准》《四川省饮用水水源保护管理条例》《四川省取水许可和水资源费征收管理办法》等，用于规范境内涉水活动。从法规、标准、政策构成来看，地表水的法规较完整，而地下水的地方法规比较缺乏（表 4-5）。其实，在国家层面，对于地下水环境的保护，从法规来看，也主要集中在资源的保护上，污染防治的法规也不健全，仅有《地下水质量标准》和《地下水环境监测技术规范》。而《地下水质量标准》于 1993 年发布，到 2017 年才进行了修订，由此可见对地下水保护的忽视。近年来随着土壤污染的加剧，地下水污染风险的增加，尤其是一些采用地下水作为生活用水的地区存在极大隐患。2020 年，生态环境部发布《地下水污染源防渗技术指南（试行）》，体现了国家对地下水污染问题的重视。四川省 2018 年出台的《四川省工矿用地土壤环境管理办法》，也体现了防止污染物经由土壤污染地下水的要求。这两个文件，能在一定程度上预防地表污染物对地下水的污染，但对于钻井、压裂、回注中的渗漏，则不在文件规定的行为之内。

表 4-5　四川省水环境相关地方法规、标准、政策

地方法规	四川省环境保护条例（2017 年修订）、四川省放射性污染防治管理办法、四川省饮用水水源保护管理条例、四川省取水许可和水资源费征收管理办法、沱江流域水环境保护条例、四川省工矿用地土壤环境管理办法

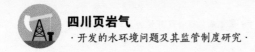

地方标准	四川省水污染物排放标准，四川省岷江、沱江流域水污染物排放标准
地方政策	四川省页岩气开采业污染防治技术政策

除了水环境相关的法规，2018 年，四川省还专门出台了《四川省页岩气开采业污染防治技术政策》，对页岩气的选址、水污染防治等提出了要求。其中专门提出岩溶区选址需进行充分论证，返排液回用率不应低于 85%，要求对回注井地下水进行监测，对废水或废液收集、储存等设施和场地进行长期监测，这些要求的落实能大大降低水环境风险，因此应尽快出台相应的技术规范，使政策要求落地实施。重庆也出台了自己的页岩气环境保护政策文件《重庆市页岩气勘探开发行业环境保护指导意见（试行）》，就页岩气开采的各个环节提出了环保指导要求。其中对钻前工程中防渗的详细要求，以及对废水收集、处理、贮存、转运、循环利用实施全过程监控等要求，值得四川借鉴。

尽管国家和地方已经出台了许多法规政策，但是页岩气开发水环境保护这张网仍不完整。这也是行业众多的情况下，环境标准制定过程中必然面对的局面。在这样的现实情况下，油气行业标准就成了规范页岩气开发的最后一道保证。油气行业可约束页岩气开发水环境污染的行业标准有《油田采出水处理设计规范》（SY/T 0006—1999）、《油田注水设计规范》（SY/T 0005—1999）、《碎屑岩油藏注水水质推荐指标及分析方法》（SY/T 5329—94）、《水平井钻井工艺及井身质量要求》（SY/T 6333—1997）、《水平井完井工艺技术要求》（SY/T 6464—2000）等。但从行业标准来看，仍不能满足页岩气开发水环境保护的要求。行业标准主要关注的是作业过程中的施工技术和安全保证，出于利益的需求，在没有强制要求的情况下，并不会主动单独对环境保护做出考量。

因此，并不能完全依靠行业自觉性来防治细分行业的特殊环境风险。

总体而言，目前在四川页岩气开发过程中，保护其水环境的法规体系主要由国家法规政策、地方法规政策，以及行业标准构成。地表水环境保护的法规体系构建较完善，而地下水环境的保护体系还有待进一步完善，针对页岩气开发特殊性，以及岩溶地区特殊性的技术规范和标准还有待建设（表4-6）。

表4-6 页岩气开发各环节水环境风险及其相关法规

风险来源	被影响水体	相关法规	是否直接约束
压裂取水	地表水	水法、四川省取水许可和水资源费征收管理办法	是
压裂过程渗漏	地表水	四川省水污染物排放标准	是
	地下水	油田注水设计规范、碎屑岩油藏注水水质推荐指标及分析方法、水平井钻井工艺及井身质量要求、水平井完井工艺技术要求	否
返排液储存不当	地表水、地下水	石油化工工程防渗技术规范（GBT 50934—2013）	是
返排液未达标排放	地表水	四川省水污染物排放标准	是
裂缝网络渗漏	地下水	油田注水设计规范、碎屑岩油藏注水水质推荐指标及分析方法、水平井钻井工艺及井身质量要求、水平井完井工艺技术要求	否
地下灌注不当	地下水	油田采出水处理设计规范（GB 50428—2015）	否

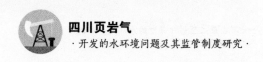

4.3.2 四川页岩气开发水环境保护机制完善建议

基于页岩气开发水环境保护法规现状，可从以下几个方面完善页岩气开发过程中的水环境保护机制：

（1）理顺地下水环境质量管理主体。

地下水环境管理涉及多个部门，主要包括生态环境部、自然资源部、住房和城乡建设部、水利部、农业农村部，而制度的建设也由多个部门负责（表4-7）。例如，《地下水质量标准》由自然资源部和水利部提出，地下水监测网络建设主要由自然资源部负责，而监测工程技术规范由住建部负责。首先，由于地下水既有资源属性，又有质量属性，而作为环保主体，其责任是保护其质量，因此，仅依靠环保或资源一个主体部门，无法实现对其的完整管理。其次，在进行地下水环境质量管理时，应在制度建设和工作主持上，均保持环保主管部门的主体地位，以达到制度建设的完整性和相互呼应，提升工作的效率。

表4-7 主要地下水法规及发布部门

法规	发布部门
关于印发地下水污染防治实施方案的通知（环土壤〔2019〕25号）	生态环境部、自然资源部、住房和城乡建设部、水利部、农业农村部
地下水质量标准（GB/T 14848—2017）	自然资源部、水利部
环境影响评价技术导则 地下水环境（HJ 610—2016代替HJ 610—2011）	生态环境部
地下水资源分类分级标准（GB 15218—94）	自然资源部
地下水污染源防渗技术指南（试行）	生态环境部
地下水监测网运行维护规范（DZ/T 0307—2017）	自然资源部

法规	发布部门
地下水监测工程技术规范（GB/T 51040—2014）	住房和城乡建设部
地下水环境监测技术规范（HJ/T 164—2004）	生态环境部

（2）加强科学研究，厘清页岩压裂中污染发生的过程。

从现有的研究来看，学界对页岩气开发的环境风险环节认识基本一致，但对于压裂过程是否会发生污染，以及污染发生过程，则并未达成一致的认识。从已有的研究来看，页岩气开发区域地下饮用水中存在来自深层地层的物质，这一点在多个调查中都得到了证实，但是研究并未一致认为，这些物质的出现就是压裂活动造成的。相反，一些研究指出，深层地层的物质是来自自然裂隙。但是，这样的说法并不能降低对压裂活动的担忧，反而使人更加担忧：压裂活动后这些自然裂隙是否会进一步发展？是否会使深地层物质向上迁移更容易？然而，国内关于压裂与岩层、地下饮用水污染之间联系的研究还很少，因此，在未来，关于页岩气污染发生过程的研究还要加强，如此才能制定有针对性的政策，防止污染的发生。

（3）落实页岩气开发环境监理制度。

由于页岩压裂过程中，岩层变化和污染发生都存在较大的不确定性，因此，在具体的环境保护活动中，只有通过环境跟踪监测，才能防止较大的污染发生。此外，从国内外已经发生的各种页岩气开发环境事故来看，一大部分污染的发生是由于不遵守环境保护规定或工程操作规定，因此，对于页岩气开发活动应加强环境监管，减少污染事件发生。

2012 年，环境保护部办公厅发布《关于进一步推进建设项目环境监理试点工作的通知》（环办〔2012〕5 号）（2016 年废

止），四川被列为第二批建设项目环境监理试点省。2016年，四川首个环境监理科研项目"天然气采输类建设项目环境监理技术指引研究"启动。项目的研究结果将为天然气采输类建设项目环境监理工作提供技术指导。在四川页岩气开采项目的环评报告中，也已经明确提出了环境监理的责任和工作内容。然而尽管四川已从多个方面开展环境监理实际工作多年，却未建立起环境监理管理的制度体系。

目前甘肃、辽宁、河北、广州等多个省份已经出台了环境监理管理办法，河北省还出台了环境监理的地方标准《河北省建设项目环境监理技术规范》，新疆生产建设兵团出台了《兵团建设项目环境监理资质管理办法（试行）》。目前四川未出台环境监理管理办法，也无相关的地方技术规范，仅四川环境保护产业协会出台了一个行业内部的《建设项目环境监理等级确认管理办法（试行）》。由此可见，在环境监理制度建设方面，四川还应加强。环境监理制度体系主要包含监理管理办法、技术指南和资质管理三个方面。其中监理管理办法和技术规范既可以借鉴其他地区的环境监理管理地方规范，也可以参考建设工程监理。环境监理资质管理办法则可参考《建设项目环境影响评价资质管理办法》的做法，在出台管理办法的同时，制定完整的配套文件。

（4）加强公众环保参与度。

尽管我国在公众参与方面已经进行了多年的法制建设和实践，但是，在页岩气开发中，我国公众参与的力度仍然不够。造成这一现状的原因，除了法律机制建设发展、文化氛围等原因，信息公开程度不够，非政府组织作用未充分发挥也是重要的原因。

①进一步畅通信息公开渠道。

对比美国对页岩气开发信息的公开，我国的信息公开程度还不够。目前，国内公众了解页岩气开发环境问题的渠道主要是环评报告。由于环评报告往往长篇大论，且往往各个平台独立进行环评，因此，这在无形中增加了信息收集的成本。为了降低公众获取信息的门槛，同时能较全面地了解页岩气开发的区域影响，建设专门的网站，对区域页岩气开发情况，环境影响相关信息，环境影响研究进展、结论等进行公开，是有必要的。

②进一步鼓励非政府环保组织参与环境保护工作。

环保组织在环境公益行动中发挥的作用是多方面的，包括环境教育、环境监督、环境维权、环境研究等多个方面。美国页岩气开发过程中，非政府环保组织对于环境保护发挥了重要作用，既参与了页岩气开发的环保呼吁，也参与了环保诉讼，以及页岩气开发过程的环境问题研究。与之相比，国内非政府环保组织的参与度则显得非常低。有学者认为我国非政府环保组织活力缺乏的原因主要有资金缺乏、人才缺乏和政策保护缺乏等（庄沁雨，2016）。基于此，可以通过设立行业环保基金，或者建立环保组织奖励制度等方式，为非政府环保组增加资金支持。同时，建立相应的人才引导政策，鼓励专业人才加入环保组织并提供技术支持。此外，还可从税收、社保等政策方面给予配套支持。

（5）从政策层面加强地下水污染的预防。

地下水污染在页岩气开发过程中隐蔽性较强，近年来，四川的页岩气开发环评报告也要求对地下水质进行监测。但是，目前关于地下水污染防治的规范文件，仅有国家 2019 年出台的《关于印发地下水污染防治实施方案的通知（环土壤〔2019〕25号）》和《地下水质量标准》（GB/T 14848—2017），四川尚无地方规范。由于页岩气地下水污染风险主要来自压裂活动，而压裂周期往往较短，因此，对于页岩气开发中的地下水污染监测应不同于其他建设项目。此外，页岩气开发过程存在的污染物也与《地下水质量标准》（GB/T 14848—2017）有所差异。例如，甲烷为压裂中地下水的特征污染物，标准中并未罗列，这不利于对压裂活动环境影响和地下水环境污染的评价。此外，压裂返排液中 COD 也是典型的污染物，标准中也未列入。由此可见，针对页岩气开发的地下水风险，应尽快制定专门的规范性文件，以更加客观、准确地评价页岩气开发的水环境风险。

附录 页岩气开发水环境保护相关法规

一、国家层面

1. 中华人民共和国环境保护法
2. 中华人民共和国水法
3. 中华人民共和国水污染防治法
4. 中华人民共和国环境影响评价法
5. 建设项目环境风险评价技术导则（HJ/T 169—2004）
6. 污水综合排放标准（GB 8978—1996）
7. 排污许可证申请与核发技术规范 总则（HJ 942—2018）
8. 关于印发地下水污染防治实施方案的通知（环土壤〔2019〕25 号）
9. 取水许可和水资源费征收管理条例
10. 水量分配暂行办法
11. 水权交易管理暂行办法
12. 地表水环境质量标准（GB 3838—2002）
13. 环境影响评价技术导则 地表水环境（HJ 2.3—2018）
14. 地下水质量标准（GB/T 14848—2017）
15. 环境影响评价公众参与办法（生态环境部令第 4 号）
16. 环境影响评价技术导则 地下水环境（HJ 610—2016）
17. 地下水污染源防渗技术指南（试行）

18. 环境影响评价技术导则　地下水环境（HJ 610—2016代替 HJ 610—2011）

19. 环境影响评价技术导则　陆地石油天然气开发建设项目（HJ/T 349—2007）

20. 规划环境影响评价技术导则　总纲（HJ 130—2019）

21. 建设项目竣工环境保护验收技术规范　石油天然气开采（HJ 612—2011）

22. 地下水资源分类分级标准（GB 15218—94）

23. 地下水监测网运行维护规范（DZ/T 0307—2017）

24. 地下水监测工程技术规范（GB/T 51040—2014）

25. 地下水环境监测技术规范（HJ/T 164—2004）

26. 环境保护公众参与办法（环境保护部令第 35 号）

27. 环境影响评价公众参与办法（生态环境部令第 4 号）

28. 页岩气产业政策

二、四川

1. 四川省环境保护条例（2017 修订）

2. 四川省放射性污染防治管理办法

3. 四川省饮用水水源保护管理条例

4. 四川省取水许可和水资源费征收管理办法

5. 沱江流域水环境保护条例

6. 四川省工矿用地土壤环境管理办法

7. 四川省水污染物排放标准

8. 四川省岷江、沱江流域水污染物排放标准

9. 四川省页岩气开采业污染防治技术政策

三、其他地方

1. 河北省建设项目环境监理技术规范

2. 兵团建设项目环境监理资质管理办法（试行）

3. 甘肃省建设项目环境监理管理办法

4. 重庆市环境保护局关于印发《重庆市页岩气勘探开发行业环境保护指导意见（试行）》的通知

5. 北京市进一步全面推进河长制工作方案

6. 海南省 2019 年度水污染防治工作计划

7. 海南省人民政府办公厅关于印发《海南省污染水体治理三年行动方案》的通知（琼府办〔2018〕27 号）

8. 省政府办公厅关于印发〈江苏省农村河道管护办法〉的通知（苏政办发〔2019〕3 号）

9. 南京市长江岸线保护办法（南京人民政府令第 322 号）

10. 陕西省青山保卫战行动方案

11. 陕西省水资源税改革试点实施办法

12. 上海市水资源保护利用和防汛"十三五"规划

13. 湖南省湘江保护条例

14. 云南省节约用水条例（征求意见稿）

15. 北京市水污染防治工作方案

16. 天津市水污染防治工作方案

17. 贵州省水污染防治行动计划工作方案

18. 江苏省水污染防治工作方案

19. 黑龙江省水污染防治工作方案

20. 山东省落实《水污染防治行动计划》实施方案

21. 吉林省落实水污染防治行动计划工作方案

22. 安徽省水污染防治工作方案

23. 安徽省节约用水条例（草案）

24. 河北省水污染防治工作方案

25. 河北省海洋环境保护管理规定

26. 建设项目环境监理规范（DB61/T 571—2013）（陕西省）

参考文献

一、中文文献

程涌，陈国栋，尹琼，等，2017. 中国页岩气勘探开发现状及北美页岩气的启示 [J]. 昆明冶金高等专科学校学报，33（1）：16-24.

单长安，张廷山，郭军杰，等，2015. 中扬子北部上震旦统陡山沱组地质特征及页岩气资源潜力分析 [J]. 中国地质，42（6）：1944-1958.

董大忠，高世葵，黄金亮，等，2014. 论四川盆地页岩气资源勘探开发前景 [J]. 天然气工业，34（12）：1-15.

范明福，肖兵，陈波，等，2017. 页岩气压裂返排液再利用技术 [J]. 天然气勘探与开发（1）：73-77.

冯连勇，邢彦姣，王建良，等，2012. 美国页岩气开发中的环境与监管问题及其启示 [J]. 天然气工业，32（9）：102-105.

高波，刘忠宝，舒志国，等，2020. 中上扬子地区下寒武统页岩气储层特征及勘探方向 [J]. 石油与天然气地质，41（2）：284-294.

高杰，2017. 威远地区页岩气开发对环境影响的地质因素 [D]. 成都：西南石油大学.

高振兴，2017. 四川某地页岩气开发中压裂液组分演化及其对地下水的影响 [D]. 北京：中国地质大学（北京）.

何启平，尹丛彬，李嘉，等，2016. 威远－长宁地区页岩气压裂返排液回用技术研究与应用［J］. 钻采工艺，39（1）：118－121.

焦艳军，袁勇，霍小鹏，等，2020. 长宁页岩气田开发地下水环境风险及防控技术研究［J］. 环境科学与管理，45（1）：174－179.

李芳，2016. 四川盆地古生界页岩气潜在勘探区预测［J］. 四川地质学报，36（1）：71－75.

李劲，孙刚，李范书，2014. 页岩气开发中的水环境保护问题［J］. 石油与天然气化工（3）：339－344.

李延钧，冯媛媛，刘欢，等，2013. 四川盆地湖相页岩气地质特征与资源潜力［J］. 石油勘探与开发，40（4）：423－428.

刘光祥，金之钧，邓模，等，2015. 川东地区上二叠统龙潭组页岩气勘探潜力［J］. 石油与天然气地质，36（3）：481－487.

刘小丽，田磊，杨光，等，2016. 中国页岩气开发环境影响评价和监管制度研究［M］. 北京：中国经济出版社.

莫裕科，孙东，杨海军，等，2018. 长宁页岩气开发区水文地质条件及地下水环境保护［J］. 四川地质学报，38（4）：671－675.

饶维，刘文士，黄庆，等，2019. 四川页岩气开发压裂返排液和油基岩屑处理处置探析［J］. 三峡环境与生态，41（1）：15－19.

史聆聆，李小敏，马建锋，等，2015. 页岩气开发压裂返排液环境监管及对策建议［J］. 环境与可持续发展（4）：39－42.

孙怀瑾，2020. 环保 NGO 参与环境公益诉讼的制约因素与实现路径［J］. 法制与社会（2）：91－94.

汪志国，吴健，李宁，2005. 美国水环境保护的机制与措施［J］. 环境科学与管理（6）：1－6.

王洪建，赵菲，刘大安，等，2017. 大规模体积压裂诱发的地质灾变问题研究综述 [J]. 华北水利水电大学学报（自然科学版）(38)：49—55.

王永光，渠迎锋，吴萌，等，2018. 压裂返排液处理回用技术的现场应用 [J]. 石油化工应用，37 (1)：41—45.

魏志红，2015. 四川盆地及其周缘五峰组－龙马溪组页岩气的晚期逸散 [J]. 石油与天然气地质，36 (4)：659—665.

向力，黄德彬，康建勋，等，2019. 西南地区页岩气开发压裂返排液处理现状及达标排放研究 [J]. 环境保护前沿，9 (4)：575—583.

谢军，赵圣贤，石学文，等，2017. 四川盆地页岩气水平井高产的地质主控因素 [J]. 天然气工业，37 (7)：1—12.

张吉振，李贤庆，刘洋，等，2014. 川南地区龙潭组页岩气成藏条件及有利区分析 [J]. 中国煤炭地质，26 (12)：1—6.

张瑜，2016. 渝中－渝西地区侏罗系、二叠系页岩气潜力地质评价 [D]. 北京：中国石油大学（北京）.

周向东，杨斌，魏朝勇，2015. 水平井压裂液返排技术研究 [J]. 天然气技术与经济，9 (5)：27—29.

朱炎铭，陈尚斌，方俊华，等，2010. 四川地区志留系页岩气成藏的地质背景 [J]. 煤炭学报，37 (7)：1160—1164.

庄沁雨，2016. 浅析我国环保非政府组织的发展 [J]. 商 (33)：90—91.

邹才能，董大忠，王社教，等，2010. 中国页岩气形成机理、地质特征及资源潜力 [J]. 石油勘探与开发，37 (6)：641—653.

二、英文文献

Clark C E, Horner R M, Harto C B, 2013. Life cycle water

consumption for shale gas and conventional natural gas [J]. Environmental science & technology, 47 (20): 11829 — 11836.

Garth T L, 2014. Evidence and mechanisms for Appalachian Basin brine migration into shallow aquifers in NE pennsylvania, USA [J]. Hydrogeology journal, 22 (5): 1055—1066.

Gregory K B, Vidic R D, Dzombak D A, 2011. Water management challenges associated with the production of shale gas by hydraulic fracturing [J]. Elements, 7 (3): 181—186.

Harkness J S, Darrah T H, Warner N R, et al, 2017. The geochemistry of naturally occurring methane and saline groundwater in an area of unconventional shale gas development [J]. Geochimica et cosmochimica acta, 208 (1): 302—334.

Howarth R, 2019. Ideas and perspectives: is shale gas a major driver of recent increase in global atmospheric methane [J]. Biogeosciences (16): 3033—3046.

Howarth R, 2015. Methane emissions and climatic warming risk from hydraulic fracturing and shale gas development: implications for policy [J]. Energy and emission control technologies (3): 45—54.

Keranen K M, Savage H M, Abers G A, et al, 2013. Potentially induced earthquakes in Oklahoma, USA: Links between wastewater injection and the 2011 Mw 5. 7 earthquake sequence [J]. Geology, 41 (6): 699—702.

Kohl C A K, Capo R C, Stewart B W, et al, 2014. Strontium

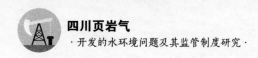

isotopes test long — term zonal isolation of injected and marcellus formation water after hydraulic fracturing [J]. Environmental science and technology, 48 (16): 9867 — 9873.

Laurenzi I J, Jersey G R, 2013. Life cycle greenhouse gas emissions and freshwater consumption of marcellus shale gas [J]. Environmental science & technology, 47 (9): 4896 — 4903.

Lutz B D, Lewis A N, Doyle M W, 2013. Generation, transport, and disposal of wastewater associated with Marcellus Shale gas development [J]. Water resources research, 49 (2): 647—656.

Osborn S G, Vengosh A, Warner N R, et al, 2011. Methane contamination of drinking water accompanying gas — well drilling and hydraulic fracturing [J]. Proceedings of the national academy of sciences, 108 (20): 8172—8176.

Patterson L A, Konschnik K E, Wiseman H, et al, 2017. Unconventional oil and gas spills: Risks, mitigation priorities, and state reporting requirements [J]. Environmental science & technology, 51 (5): 25—63.

Rahm B G, Vedachalam S, Bertoia L R, et al, 2015. Shale gas operator violations in the Marcellus and what they tell us about water resource risks [J]. Energy policy, 82: 1—11.

Tennant D L, 1976. Instream flow regimens for fish, wildlife, recreation and related environmental resources [J]. Fisheries, 1 (4): 6—10.

Vandecasteele I, Rivero I M, Sala S, et al, 2015. Impact of shale gas development on water resources: a case study in

Northern Poland [J]. Environmental management, 55 (6): 1285-1299.

Yeck W L, Hayes G P, Mcnamara D E, et al, 2017. Oklahoma experiences largest earthquake during ongoing regional wastewater injection hazard mitigation efforts [J]. Geophysical research letters, 44 (2): 711-717.

Yu M, Weinthal E, Patino-Echeverri D, et al, 2016. Water availability for shale gas development in Sichuan Basin, China [J]. Environmental Science & technology, 50 (6): 2837-2845.

后 记

从 2014 年第一次接触页岩气环境问题到如今已有数年，如今将这方面的工作好好梳理下来，虽限于个人能力与精力，仅能从水环境问题入手，勉强成一拙劣小文，也算是给了自己一个交代。

为撰写本书，我们查阅了大量国内外文献，并在此基础上提炼数据，论证观点。但是，正因为本书绝大部分论据是他人的研究成果，在创新上还远远不足。虽然本书有王勇等同人支持，也受到了四川石油天然气研究中心项目（川油气科 SK217-01）、成都师范学院学术专著出版基金、国家自然科学基金委项目（41701324）的资助，但就成书而言，这些资金还无法支持页岩气水环境问题方面的一手试验。页岩气水环境问题方面的研究，目前还很需要两方面的数据：一是尽可能多的水环境问题案例采集，二是水环境问题的试验论证。本书在这两方面做得十分不足，希望能有更多的同行将研究成果汇总，使我们看到更加完整、系统、有力的论证。

由于我们水平有限，书中难免有疏漏和错误，敬请广大读者批评指正。

郭海霞

2020 年 12 月